河南省"十四五"普通高等教育规划教材

普通高等学校计算机教育"十三五"规划教材

Excel 2016
数据处理与分析

Excel Course Of Data Processing
and Analysis

微课版

■ 郭清溥 张桂香 主编

U0234076

人民邮电出版社

北 京

图书在版编目（CIP）数据

Excel 2016数据处理与分析：微课版 / 郭清溥，张桂香主编. -- 北京：人民邮电出版社，2020.9
普通高等学校计算机教育"十三五"规划教材
ISBN 978-7-115-52835-3

Ⅰ. ①E… Ⅱ. ①郭… ②张… Ⅲ. ①表处理软件－高等学校－教材 Ⅳ. ①TP391.13

中国版本图书馆CIP数据核字(2019)第268590号

内 容 提 要

本书从应用案例入手，全面介绍了使用 Excel 2016 进行数据处理与分析的方法和技巧。

全书分两篇，共 8 章。基础篇为第 1 章～第 3 章，包括第 1 章 Excel 基础，第 2 章数据录入的格式设置，第 3 章公式与函数应用。提高篇为第 4 章～第 8 章，包括第 4 章数据分析基础，第 5 章规划求解，第 6 章数据可视化，第 7 章 VBA 应用，第 8 章综合应用。

本书可作为高等学校计算机公共基础课的教材，也可作为广大计算机爱好者学习 Excel 的入门参考书。

♦ 主　　编　郭清溥　张桂香
　　责任编辑　许金霞
　　责任印制　王　郁　陈　犇
♦ 人民邮电出版社出版发行　　北京市丰台区成寿寺路 11 号
　　邮编　100164　电子邮件　315@ptpress.com.cn
　　网址　https://www.ptpress.com.cn
　　北京九州迅驰传媒文化有限公司印刷
♦ 开本：787×1092　1/16
　　印张：12.75　　　　　　　　　2020 年 9 月第 1 版
　　字数：331 千字　　　　　　　2024 年 8 月北京第 4 次印刷

定价：45.00 元

读者服务热线：(010)81055256　印装质量热线：(010)81055316
反盗版热线：(010)81055315
广告经营许可证：京东市监广登字 20170147 号

前　言

随着计算机技术的迅猛发展及其在社会各个领域的深入应用,计算机在人们的学习、工作、生活中扮演的角色也越来越重要。能够熟练使用计算机已经成为立足于现代社会的一项基本能力,更是一名大学生应该具有的基本素养。

Excel 是非常流行的电子表格软件。我们可以使用 Excel 创建工作簿(电子表格集合)并设置工作簿格式,以便分析数据和做出更明智的业务决策。还可以使用 Excel 跟踪数据,生成数据分析模型,编写公式以对数据进行计算,以多种方式透视数据,并以各种具有专业外观的图表来展示数据。应该说,Excel 更是使用广泛的数据处理、分析,甚至是大数据挖掘的有力工具。

党的二十大指出:教育、科技、人才是全面建设社会主义现代化国家的基础性、战略性支撑。教材是学校教育教学、推进立德树人的关键要素,是国家意志和社会主义核心价值观的集中体现,据此不难看出教材编写的重要,在此版教材中,作者紧跟二十大精神精髓和时代发展,尊重教育规律,以人为本。既把握整体知识脉络、又全面系统,重点突出、抓住关键知识点。本书从应用案例入手,首先讲解 Excel 的基本概念和基本操作,并精选出包括 Excel 高级筛选、数据透视、模拟运算、变量求解、最优化方案、数据可视化、宏和 VBA 等特色功能的典型案例;然后,通过"案例说明"和"知识要点分析"讲述每个案例的应用领域和涉及的重点、难点知识,并给出了案例的基本操作步骤;最后,以微课视频的方式给出了案例的详细操作过程。以此,帮助读者熟练掌握使用 Excel 进行数据处理与分析的能力,并达到举一反三的效果。特别需要说明的是,本书中的很多案例都是来源于企业真实的案例,作者只是对数据本身做了脱敏处理,所以读者通过对本书的学习可以轻松地将知识迁移到将来的实际工作中去。

熟练掌握 Excel 的应用,是读者开启信息技术大门的第一步,也是步入工作中必须掌握的基本能力之一。我们试图通过案例,使读者快速掌握 Excel 的应用方法与技巧,提升读者综合分析问题和解决实际问题的能力。所以,希望读者一定要牢固掌握本书涉及的知识点,并对相关案例多加练习。

本书还提供配套的授课视频,已经上传至河南财经政法大学网络教学平台,读者可以登录该平台免费观看。同时,我们还为本书配备了电子教案,并提供书中实例所需的所有素材资源,便于教师教学与读者练习。

本书由郭清溥、张桂香主编，并负责全书的组织和统稿工作。其中，第 1 章由张桂香编写，第 2 章、第 3 章由张格编写，第 4 章由刘钟涛编写，第 5 章由郭清溥、荆宜青编写，第 6 章由刘洋编写，第 7 章、第 8 章由刘明利编写。

在本书的编写过程中，微软河南认证中心的教师们参加了大纲的讨论和制订，为本书的顺利出版做了大量的工作。史晓东老师参加了部分视频的录制。在此对他们的辛勤付出表示感谢！

由于作者水平所限，书中难免有不足之处，敬请同行专家和广大读者批评指正。

编者

2023 年 5 月于郑州

目　录

基础篇

第1章
Excel 基础

Microsoft 公司每隔一段时间就会推出新版本的 Office 套件，此书是以 Excel 2016 为基础而编写的，主题是桌面版本的 Excel 2016。

1.1 认识 Excel

Excel 是 Microsoft 公司 Office 软件包中的一个通用的电子表格软件，集电子表格、图表、数据库管理于一体，支持文本和图形编辑，具有功能丰富、用户界面良好等特点。利用 Excel 提供的函数计算功能，用户不用编程就可以完成日常办公中的数据计算、排序、分类汇总及报表编制等任务。另外，自动筛选功能使数据的操作变得更加方便，为普通用户提供了数据处理的便利方式。因此，Excel 是实施办公自动化的理想工具软件之一。

Excel 中的基本元素

Excel 2016 相比其以前的版本，最大的变化如下。

（1）提供了"获取和转换"功能，方便用户从多种数据源获取数据，然后以多种方式转换数据。

（2）提供了三维地图功能，允许用户创建以数据驱动的地图。

（3）提供了新的图表类型，包括树状图、旭日图、瀑布图、箱型图、直方图和排列图。

（4）简化了预测功能，可以使用 Excel 2016 几种新的工作表函数求预测值，甚至可以通过创建图表显示置信区间。

（5）提供了"告诉我您想要做什么"功能，可以快速定位（甚至执行）命令。

党的二十大的坚持"三个第一"：必须坚持科技是第一生产力，人才是第一资源，创新是第一动力。同学们一定要先把基础理论夯实，才能活学活用进而创新。在此开始第一章基础部分讲解，希望每一个同学紧跟进度学习。

1.1.1 Excel 的基本概念

在 Excel 中，文件被称为工作簿，使用.xlsx 作为文件扩展名。用户可以创建多个工作簿，每个工作簿都显示在 Excel 窗口中。每个工作簿包含一个或多个工作表，每个工作表由多个单元格组成，每个单元格可包含值、公式或文本。工作表也可包含不可见的绘制层，用于保存表、图片和图表。单击工作簿窗口底部的选项卡可访问该工作簿的每一个工作表。可以将一个 Excel 工作簿视为一个笔记本，将工作表视为笔记本中的页面。从 Excel 2013 开始，在一个 Excel 窗口中只能包含一个工作簿。

1.1.2　工作界面

Excel 的工作界面

启动 Excel 2016 后，系统自动打开一个空工作簿（book.xlsx），图 1-1 所示为整个 Excel 2016 初始启动界面及各个组成元素的名称。

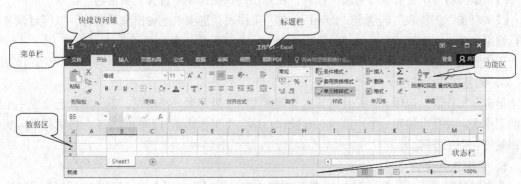

图 1-1　Excel 2016 界面介绍

每个工作表由行（编号为 1～1048576）和列（标记为 A～XFD）组成。列标签的工作原理是：Z 列之后是 AA 列、AB 列、AC 列，AZ 列之后是 BA 列、BB 列，ZZ 列之后是 AAA 列、AAB 列，依此类推。

行列交汇于一个单元格，并且每个单元格由列号和行号组成唯一地址，左上角单元格的地址为 A1，右下角单元格地址为 XFD1048576。任何时候当且仅当有一个单元格是活动单元格，可接受键盘输入和编辑，单元格地址显示在"名称框"中。

在每个 Excel 窗口的标题栏右侧位置提供了四个按钮（显示为图标）。从左到右分别是"功能区显示选项""最小化""最大化"和"关闭"，如图 1-1 所示。"最小化""最大化"和"关闭"按钮见名知意，在此单独说一下"功能区显示选项"。单击"功能区显示选项"按钮，然后选择"自动隐藏功能区"选项，将使窗口达到最大，并且隐藏功能区和状态栏。在这种模式下，单击标题栏可获得对功能区的临时访问。要返回默认的功能区视图，需要单击"功能区显示选项"按钮，然后选择"显示选项卡和命令"选项。

1.1.3　工作表操作

工作表操作

在任何时刻，只有一个工作簿是活动工作簿，同时，活动工作簿中只有一个活动工作表，单击"工作表"选项卡，即可激活该工作表。也可以使用 Ctrl+PgUp 组合键激活上一个工作表，使用 Ctrl+PgDn 组合键激活下一个工作表。

1. 新建或添加工作表

（1）单击"工作表"选项卡右侧的加号，即可在活动工作表后添加新的工作表。

（2）按 Shift+F1 组合键，在活动工作表之前添加新的工作表。

（3）鼠标右键单击"工作表"选项卡，然后在弹出的快捷菜单中选择"插入"命令，在"插入"对话框的"常用"选项卡中选择"工作表"选项，单击"确定"按钮，即可在活动工作表之前添加新的工作表。

2. 删除工作表

（1）鼠标右键单击要删除的"工作表"选项卡，在弹出的快捷菜单中选择"删除"命令。

（2）激活要删除的工作表，单击"开始"|"单元格"|"删除"按钮，选择"删除工作表"命令。

3. 重命名工作表

Excel 中使用的默认工作表名称是 Sheet1 和 Sheet2 等，一般建议工作表名称具有一定的含义。

（1）鼠标右键单击要重命名的工作表，在弹出的快捷菜单中选择"重命名"命令。

（2）双击"工作表"选项卡，Excel 会在"工作表"选项卡上突出显示名称，以便对该名称进行编辑。

工作表名称最多可以包含 31 个字符，并且可以包含空格。"/ \ : [ ] ? *"等特殊字符不可使用。

4. 调整工作表顺序

单击"工作表"选项卡，并且将其拖动到所需的位置即可。拖动时，鼠标指针会变成一个缩小的工作表，并且会使用一个小箭头引导操作；第二个工作簿是打开的情况下，按同样的方法可以拖到另一个工作簿。

5. 复制工作表

单击要复制的"工作表"选项卡，然后按 Ctrl 键的同时将选项卡拖动到所需的位置。拖动时，鼠标指针会变成一个缩小的工作表，其中包含一个加号。复制到不同的工作簿时，需将工作簿在打开的情况下，按同样的方法操作。

6. 更改工作表标签颜色

鼠标右键单击"工作表"选项卡，在弹出的快捷菜单中（如图 1-2 所示）选择"工作表标签颜色"命令，然后从颜色选项中选择需要的颜色，只有当该工作表不是活动工作表时，颜色才可见。

7. 隐藏和取消隐藏工作表

鼠标右键单击要隐藏的"工作表"选项卡，在弹出的快捷菜单中选择"隐藏"命令，此时将会从视图中隐藏活动的工作表。当工作表被隐藏时，其"工作表"选项卡也被隐藏。不能隐藏工作簿中的所有工作表，必须至少有一个工作表可见。

要取消已隐藏的工作表，可鼠标右键单击任意"工作表"选项卡，在弹出的快捷菜单中选择"取消隐藏"命令，其中列出了所有已隐藏的工作表，选择要取消隐藏的工作表，单击"确定"按钮即可。

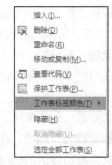

图 1-2　鼠标右键单击工作表
选项卡后的快捷菜单

8. 行和列的基本操作

（1）插入/删除行列。

Excel 工作表中的行数和列数是固定的，如果要插入行，最后的空行将被删除，如果最后的空行不删除，将不能插入新行。对列的操作也是如此。当插入新行时，会下移其他行，以容纳新行，插入新列时会将各列右移。

插入新行或多行的方法如下。

① 单击工作表边框中的行号选择一个整行或多行，鼠标右键单击选中区域，在弹出的快捷菜单中选择"插入"命令。

② 将单元格指针移到要插入的行，然后单击"开始"|"单元格"|"插入"按钮，选择"插入工作表行"命令。

③ 将单元格指针移到要插入的行，使用 Ctrl+"+"组合键，打开图 1-3 所示的对话框，选中"整行"单选按钮。（使用 Ctrl+"-"组合键打开图 1-4 所示的对话框，选中"整行"单选按钮可以删除所在行）

图 1-3　"插入"对话框　　图 1-4　"删除"对话框

如果选择了列中的多个单元格，则 Excel 会插入对应于行中选定的单元格数的额外行，并向下移动插入行下面的行。

插入新列或多列的方法如下：

① 单击工作表边框中的列字母选择一个整列或多列，鼠标右键单击选中区域，在弹出的快捷菜单中选择"插入"命令。

② 将单元格指针移到要插入的列，然后单击"开始"|"单元格"|"插入"按钮，选择"插入工作表列"命令。

③ 将单元格指针移到要插入的列，使用 Ctrl+"+"组合键，打开图 1-3 所示的对话框，选中"整列"单选按钮。（使用 Ctrl+"-"组合键打开图 1-4 所示的对话框，选中"整列"单选按钮可以删除所在列。）

除了插入行列之外，还可以插入单元格。选择要在其中增加新单元格的区域，然后单击"开始"|"单元格"|"插入"|"插入工作表单元格"命令（或鼠标右键单击选中内容，在弹出的快捷菜单中选择"插入"命令）。要插入单元格，必须向下或向右移动现有的单元格。因此，Excel 会打开图 1-3 所示的"插入"对话框，选择"活动单元格右移"或"活动单元格下移"单选按钮。

（2）删除行或列。

① 单击工作表边框中的行号选择待删除的一行或多行。鼠标右键单击选中区域，在弹出的快捷菜单中选择"删除"命令。

② 将单元格指针移到要删除的行，然后单击"开始"|"单元格"按钮，选择"删除工作表行"命令。

如果选择了列中的多个单元格，则 Excel 会删除选定区域中的所有行。

删除列的方法和删除行的方法类似。

（3）快速调整行列顺序。

① 单击工作表边框中的行号选择待移动的一行或多行。鼠标移向选中区域的边缘，当鼠标指针变成十字箭头时，拖动鼠标到合适位置，松开左键即可。

② 可用剪切粘贴的方法，在此不再赘述。

调整列顺序的方法与此类似。

（4）设置行高和列宽。

默认情况下，每一列的宽度是 64 像素，行高是 20 像素，有时因为单元格内容的多少或因为呈现方式的不同我们需要调整行高和列宽。例如，在包含数字的单元格中显示的是#号，则表示列宽不足，调整列宽即可。

① 单击选择需要调整的一列或连续的多列，将鼠标置于列标题右边，鼠标指针变成水平箭头的十字时，按鼠标左键拖动直到达到所需要的宽度为止，此时被选择的列调整为同一宽度；调整行高时，选择需要调整的一行或连续的多行，当鼠标指针变成垂直箭头的十字时，按同样方法操作即可。这种操作方法不能精确控制行高和列宽。

② 单击"开始"|"单元格"|"格式"按钮，选择"列宽"命令，并在"列宽"对话框中输入数值。这种方法能够精确控制列宽，也不用选择整列，只需活动单元格在需要调整的列。单击"开始"|"单元格"|"格式"按钮，选择"行高"命令，并在"行高"对话框中输入数值。这种方法能够精确控制行高，也不用选择整行，只需活动单元格在需要调整的行。

③ 单击"开始"|"单元格"|"格式"按钮，选择"自动调整列宽"命令，以调整所选列的宽度，以便使列适合最宽的条目。这种方法也不用选择整列。

（5）隐藏和取消隐藏行或列。

当不希望用户看到特定信息，或者需要打印工作表的部分内容，有时隐藏行和列功能非常有用。

① 单击左侧的行标题，选择要隐藏的行并单击鼠标右键，在弹出的快捷菜单中选择"隐藏"命令。

② 单击左侧的行标题，选择要隐藏的行，使用"开始"|"单元格"|"格式"下拉菜单中"隐藏和取消隐藏"下拉列表中的命令。要隐藏列，使用同样的方法，选择要隐藏的列即可。

③ 选择要隐藏的行或列，拖动行的下边框或列的右边框隐藏行列。

隐藏的行实际上是高度设置为零的行，隐藏的列实际上是宽度设置为零的列。Excel 会为隐藏的列显示非常窄的列标题，为隐藏的行显示非常窄的行标题，双击该标题即可取消隐藏。

1.1.4　数据区域的选择和处理

数据区域的选择和处理

单元格是工作表中的单个元素，一组单元格称为一个区域。如 A1:C5 单元格区域指的是第一行第一列单元格到第五行第三列的区域，含有 5 行 3 列共 15 个单元格。

1. 连续区域的选择

连续区域的选择可通过以下 3 种方式进行选择。

（1）整行整列的选择。

单击所选的行标题或列标题即可选中该行或该列。如果是连续的多行或多列，拖动选取多个行标题和列标题即可。如果是不相邻的多行或多列，可以在按 Ctrl 键的同时单击所需的行标题或列标题。

（2）非整行整列连续区域的选择。

按住鼠标左键从区域左上角拖动到右下角，以突出显示区域，然后释放鼠标。

（3）整个数据区域的选择。

按住鼠标左键，选中要选择区域的前几行，再按 Ctrl+Shift+↓组合键，选择所有连续的数据区域；如果列数很多，可选中要选择区域的前几个单元格，再按 Ctrl+Shift+→组合键，选择右边的区域，直到所有列选择完毕，再按 Ctrl+Shift+↓组合键选择所有的数据行。（此种方法的选择，中间不可以有空行或空列）

① 如果知道具体区域，可以在"名称框"中直接输入区域地址，按 Enter 键即可。

② 按 Ctrl+A 组合键选择整个工作表区域，或单击工作表左上方的行标题和列标题的交叉位置。

2. 不连续区域的选择

不连续区域的选择可通过以下 3 种方式进行选择。

（1）选择第一个区域，然后按 Ctrl 键，单击或拖动鼠标以突出显示其他单元格或区域。

（2）在"名称框"中输入区域（或单元格）的地址，用逗号分隔每一个区域地址，按 Enter 键结束选择。

（3）特定区域、特定条件的选择。例如，选择 A1:H20 区域内空置的单元格。先拖选该区域，再单击"开始"|"编辑"|"查找和选择"按钮，选择"定位条件"命令，打开"定位条件"对话框，如图 1-5 所示，选中"空值"单选按钮，此时该区域空值全部被选中，如图 1-6 所示。如果在"定位条件"对话框中选中"常量"单选按钮，则所有 A1:H20 有数据的区域都被选中。

图 1-5 "定位条件"对话框

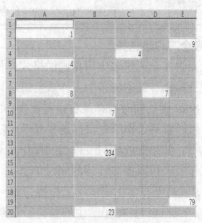

图 1-6 选择不连续区域

通过打开"定位条件"对话框可以看出选择的特定区域有多种，"定位条件"对话框中的选项说明如表 1-1 所示。在打开"定位条件"对话框之前选择一个单元格，则 Excel 将基于所使用的整个工作表区域进行选择。除这种情况外，选择的内容将基于选定的区域。

表 1-1   "定位条件"对话框中的选项说明

选项	功能
批注	选择含有单元格批注的单元格
常量	选择所有不包含公式的非空单元格
公式	选择含有公式的单元格。可以通过选择以下类型的结果来限定此选项：数字、文本、逻辑值（True 或 False）
空值	选择所有空白单元格。如果在对话框显示时选择一个单元格，此选项将选择工作表中已使用区域的空单元格
当前区域	选择活动单元格周围矩形区域的单元格。按 Ctrl+Shift+*组合键选择该区域
当前数组	选择整个数组
对象	选择工作表上的所有嵌入对象，包括图表和图形
行内容差异单元格	分析选定的内容，并且选择每行中不同于其他单元格的单元格
列内容差异单元格	分析选定的内容，并且选择每列中不同于其他单元格的单元格
引用单元格	选择在活动单元格或选定单元格（限于活动工作表）公式中引用的单元格。可选择直属单元格，也可选择任何级别的从属单元格
从属单元格	选择其中含有引用了活动单元格或选定单元格（限于活动工作表）公式的单元格。可选择直属单元格，也可选择任何级别的从属单元格

续表

选项	功能
可见单元格	只选择在选定单元格中的可见单元格。此选项在处理筛选的列表或表格时很有用
条件格式	选择应用了条件格式的单元格。"全部"选项将选择所有此类单元格；"相同"选项只会选择与活动单元格具有相同条件格式的单元格
数据验证	选择被设置为用于验证数据输入有效性的单元格。"全部"选项将选择所有此类单元格；"相同"选项只会选择与活动单元格具有相同验证规则的单元格

3. 多个工作表选择

假设要为多个工作表应用相同的格式或相同的操作，可以先选择多个工作表，然后对其中的一个表进行操作，选中的多个工作表会进行相同的操作。方法为：先选择最左边要操作的工作表标签，按 Shift 键的同时选择最右边需要操作的工作表标签，此时选中了最左到最右需操作的工作表，同时可以看到工作簿窗口标题栏显示"[工作组]"，提醒已经选择了一组工作表，并且处于工作组模式下。如果想放弃对工作组的操作，单击工作组外的任意一个工作表标签即可。如果不是连续的工作表，可以按 Ctrl 键的同时单击工作表标签选中不连续的工作表。

例 1.1 打开"学生成绩"工作簿，如图 1-7 所示，按照平时、期中、期末成绩各占 30%、30%、40%的比例计算每个学生的各科"学期成绩"并填入相应的单元格中；将"语文"工作表的格式全部应用到其他科目工作表中，包括行高（各行行高均为 22 默认单位）和列宽（各列列宽均为 14 默认单位）。

分析此题，可以逐个工作表操作，也可以一次选取多个工作表的相应区域，快速完成操作。

操作步骤如下。

（1）按比例计算每个学生的各科"学期成绩"并填入相应的单元格中。单击"语文"工作表选项卡，按 Shift 键并单击"历史"工作表选项卡，此时可以看到几个工作表同时被选中，被选中的工作表选项卡下方有绿线显示，Excel 工作簿标题栏为"学生成绩[工作簿]-Excel"，证明当前为工作组操作模式。对多个工作表的选择也可以按 Ctrl 键再依次单击工作表选项卡。在 F2 单元格中输入公式"=C2*0.3+D2*0.3+E2*0.4"，按 Enter 键，F2 单元格中数值如图 1-8 所示。

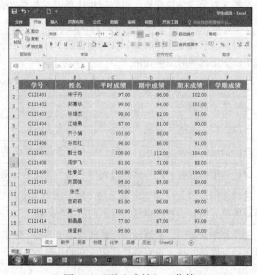

图 1-7 "学生成绩"工作簿

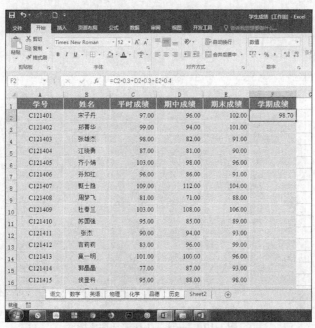

图 1-8 求"学期成绩"1

（2）将鼠标指针置于 F2 单元格右下方，鼠标指针变为黑色实心十字时双击单元格，此时公式会自动填充到该单元格下面连续的有数据的区域（此方法仅限于该列的左右两边不能同时为空值的情况，如左右两列同时为空值时，可向下拖曳鼠标到合适的位置），如图 1-9 所示。

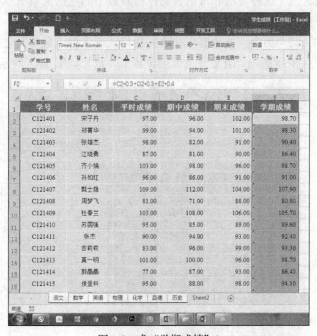

图 1-9 求"学期成绩"2

（3）此时选中的任意一个工作表按相同的公式在相应的单元格进行填充。图 1-10 所示的是"品德"工作表学期成绩，其他的工作表学期成绩也可单击查看。

图 1-10 "品德"工作表学期成绩

（4）将工作表"语文"的格式全部应用到其他科目工作表中，包括行高（各行行高均为 22 默认单位）和列宽（各列列宽均为 14 默认单位）。单击"Sheet2"工作表选项卡，释放对工作组的操作；单击"语文"工作表选项卡，选择数据区域，拖选 A1:F1 单元格区域，然后按 Ctrl+Shift+↓ 组合键选择整个数据区域（这种方法非常适合选择行数较多的数据区域）；单击 "开始"｜"格式刷"图标，鼠标指针变为空心十字带刷子的形状。

（5）选择"数学"到"历史"的所有工作表，用格式刷选取"数学"数据区域，字体和颜色格式设置完成，但行高和列宽与"语文"工作表设置不一致，如图 1-11 所示。

图 1-11 格式刷刷过之后的工作表格式

（6）选择该表的所有数据区域，单击"开始"|"格式"按钮，选择"行高"命令，打开"行高"对话框，如图 1-12 所示，设置"行高"为 22；单击"开始"按钮，选择"格式"|"列宽"命令，打开"列宽"对话框，如图 1-13 所示，设置"列宽"为 14。

（7）单击选择任意一个工作表，可以看到它们的格式完全一致，如图 1-14 所示选择的"历史"工作表。单击"Sheet2"工作表放弃对工作组的编辑。

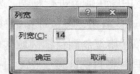

图 1-12 "行高"设置对话框　　　　　图 1-13 "列宽"设置对话框

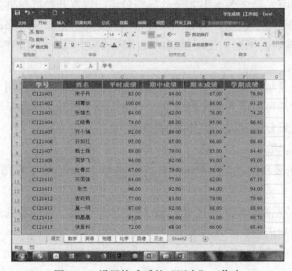

图 1-14 设置格式后的"历史"工作表

4. 复制或移动区域

有时需要将信息从一个位置复制或移动到另一个位置。在 Excel 中，复制或移动单元格区域的操作非常简单，下面介绍 4 种情况。

（1）将一个单元格复制到另一个位置。

（2）将一个单元格复制到一个区域内的单元格，源单元格被复制到目标区域内的每一个单元格。

（3）将一个区域复制到另一个区域。

（4）将一个区域的单元格移动到另一个位置。

复制区域或移动区域的主要区别在于操作对源区域产生的影响。复制时，源区域不会受到影响；而移动区域时，将会移走源区域的内容。无论复制还是移动都需要先选择源区域，如果是复制可以将选中区域复制到"剪贴板"；如果是移动则可剪切区域。然后，在目标位置进行粘贴即可。

在复制单元格区域时，Excel 会使用动态边框将复制区域框住。只要边框仍然保持为动态，则复制的信息就可粘贴，按 Esc 键取消动态边框，则 Excel 就会从"剪贴板"中移除信息。

（1）使用功能区中的命令进行粘贴：单击"开始"|"剪贴板"|"复制"按钮，将选定单元格或区域的副本移动到"剪贴板"，将鼠标移动到目标位置左上角的单元格，单击"开始"|"剪贴

板"|"粘贴"按钮即可。如果复制区域，则不必在单击"粘贴"按钮前选择相同尺寸的区域，只需激活目标区域左上角的单元格。

（2）使用快捷键进行粘贴：选择要复制或移动的单元格区域后，鼠标右键单击，在弹出的快捷菜单中选择"复制"命令（如果是移动，选择"剪切"命令），将鼠标指针移动到要粘贴区域的左上角单击"粘贴"按钮即可。

（3）使用键盘中的快捷键进行粘贴：选择要复制的单元格区域后，按 Ctrl+C 组合键进行复制，按 Ctrl+X 组合键进行剪切，将鼠标指针移动到要粘贴区域的左上角按 Ctrl+V 组合键粘贴即可。

（4）将一个单元格复制到目标区域内的每一个单元格：先选择要复制的单元格，按 Ctrl+C 组合键进行复制，再选择目标区域，按 Ctrl+V 组合键粘贴即可。

（5）使用拖放方法进行复制或移动：选择要复制或移动的单元格区域，鼠标移动到区域边缘，鼠标指针变成十字箭头时，直接拖曳单元格区域到合适的位置并释放鼠标，可以实现单元格区域的移动；如果按 Ctrl 键进行拖曳则可实现单元格区域的复制。移动单元格区域在覆盖现有单元格内容时，Excel 会发出警告。然而，使用复制单元格区域覆盖现有单元格的内容时，Excel 并不会发出警告。

（6）向其他工作表复制区域：在一个工作簿不同的工作表间进行复制，或者在不同的工作簿的工作表间进行复制，都可使用上面几种方法，但每一个工作簿必须都是激活状态。也可以用快速的方法将单元格或区域复制到同一工作簿的其他多个工作表中。

① 选择要复制的区域。

② 按 Ctrl 键并单击要将信息复制到的工作表选项卡（Excel 会在工作簿的标题栏显示[工作组]字样）。

③ 将鼠标移动到待粘贴区域的左上角，按 Ctrl+V 组合键，可以看到几个被选中的工作表都在相同位置粘贴了相同的内容。

例 1.2　将图 1-15 所示的工作表 A1:F14 单元格区域的空值填充为"0"，如图 1-16 所示。

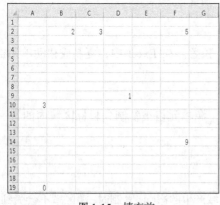

图 1-15　填充前

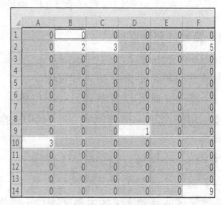

图 1-16　填充后

操作步骤如下：

① 复制 A19 单元格的"0"，在其他单元格复制"0"也可以。

② 选择 A1:F14 单元格区域，单击"开始"|"查找与选择"按钮，选择"定位条件"命令，在弹出的"定位条件"对话框中选中"空值"单选按钮，单击"确定"按钮，此时该区域内的空值全部被选中。

③ 按 Ctrl+V 组合键粘贴即可。

（7）使用特殊方法进行粘贴：有时候并不是想把所有内容都从源区域复制到目标区域内。有时候只是想复制公式产生的结果而非公式本身；有时候只是想复制格式，而不是数据本身。要控制复制到目标区域的内容，请单击"开始"|"剪贴板"|"粘贴"按钮，出现图 1-17 所示的下拉菜单。将鼠标指针悬停在图标上时，会在目标区域看到粘贴信息的预览。单击图标可使用选定的粘贴选项。

粘贴选项的功能如下：

- 粘贴：从"Windows 剪贴板"中粘贴单元格内容、格式和数据验证。
- 公式：粘贴公式而不粘贴格式。
- 公式和数字格式：只粘贴公式和数字格式。
- 保留源格式：粘贴公式及所有格式。
- 无边框：粘贴源区域中除边框外的全部内容。
- 保留源列宽：粘贴公式，并保留复制单元格的列宽。
- 转置：改变复制区域的方向，行变列，列变行。复制区域中的任

何公式都会进行相关的调整，以便在转置后可正常工作。

粘贴数值选项的功能如下：

- 值：只粘贴公式的结果。
- 值和数字格式：粘贴公式的结果，以及数字格式。
- 值和源格式：粘贴公式的结果，以及所有格式。

图 1-17　"粘贴"下拉菜单

其他粘贴选项的功能如下：

- 格式：只粘贴源区域的格式。
- 粘贴链接：在目标区域内创建将引用被复制区域中单元格的公式。
- 图片：将复制的信息粘贴为图片。
- 链接图片：将复制的信息粘贴为一个"活动"图片，此图片会在源区域发生更改时更新。

（8）选择性粘贴：单击"选择性粘贴"命令，将显示"选择性粘贴"对话框，如图 1-18 所示。

图 1-18　"选择性粘贴"对话框

要打开"选择性粘贴"对话框，必须先复制内容。下面对"选择性粘贴"对话框选项的功能进行说明。

- 全部：从“Windows 剪贴板”中粘贴单元格内容、格式和数据验证。
- 公式：粘贴公式而不粘贴格式。
- 数值：只粘贴数值公式的结果。
- 格式：只复制格式。
- 批注：只复制单元格或区域的单元格批注，而不复制单元格内容或格式。
- 验证：复制验证标准，以便应用相同的数据验证。
- 所有使用源主题的单元：粘贴所有内容，但将使用源文档主题的格式。只有在从不同工作簿间进行信息粘贴，而此工作簿与活动工作簿使用不同的文档主题时，该选项才适用。
- 列宽：粘贴公式，并复制所复制单元格的列宽。
- 边框除外：粘贴除边框外的内容。
- 公式和数字格式：只粘贴所有值、公式和数字格式。
- 值和数字格式：粘贴所有值和数字格式，但不粘贴公式本身。
- 所有合并条件格式：将复制的条件格式与目标区域的任何条件格式进行合并。只有在复制含有条件合适的区域时，才会启用此选项。

例 1.3 将图 1-19 所示的 A1:B3 单元格区域的元素复制到 A5:C6 单元格区域。

操作步骤如下：

（1）选择 A1:B3 单元格区域，并复制。

（2）选择 A5:C6 单元格区域，单击“开始”|“粘贴”按钮，再单击“转置”按钮，即完成了数据的转置粘贴。（此操作目标区域必须先选中）

	A	B	C	D
1	1	4		
2	2	5		
3	3	6		
4				
5	1	2	3	
6	4	5	6	

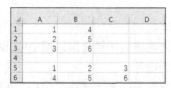

图 1-19　转置复制结果

1.1.5　单元格基本操作

单元格基本操作

在 Excel 工作表中，设置格式后的工作表更容易让人理解工作表的用途，也使工作表更有吸引力。同样内容的表格，设置格式后的图 1-21 比图 1-20 更易读、更美观。下面简要讲解单元格的格式设置。

	A	B	C	D
1				
2		Loan Payment Calculator		
3		Loan Amount:	24500	
4		Annual Interest Rate:	4.25%	
5		Payment Period (months):	1	
6		Number of Periods:	48	
7		Payment per Period:	555.9319068	
8				
9		Single Period Calculation		
10		Enter a Period:	1	
11		Principal Amount	469.1610735	
12		Interest Amount	86.77083333	
13				

图 1-20　格式设置前

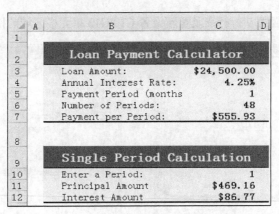

图 1-21　格式设置后

例 1.4　工作表的格式设置。打开"格式设置工作簿 1"，复制"格式设置前"工作表，并重命名为"格式设置后"。将该工作表设置成无网格线；合并居中 B2:D2 单元格区域，底纹设置为"蓝色"，字体为宋体，字号为 15 号，行高为 26.25；B3:D7 单元格区域颜色设置为"白色，背景 1，深色 5%"，字号为 11 号，字体为宋体；C3:C7 单元格的字体加粗；C3 单元格美元显示、有分隔符并保留两位小数，C7 单元格美元显示并保留两位小数；将 D 列的列宽设置为 1.13；B2:D7 单元格区域下边框线为黑色；将 B9:D12 单元格区域设置同 B2:D7。

操作步骤如下：

（1）打开"格式设置工作簿 1"，按 Ctrl 键向右拖曳该工作表，看到一个小的黑色三角符号，在合适位置释放，则复制了"格式设置前"工作表，将其重命名为"格式设置后"。单击"视图"｜"显示"｜"网格线"按钮，取消选择"网格线"复选框，此时整个工作表中不再显示网格线。

（2）选择 B2:D2 单元格区域，单击"开始"｜"对齐方式"｜"合并后居中"按钮，则 B2 单元格的数据自动在 B2:D2 单元格区域水平居中显示；再单击"对齐方式"｜"垂直居中"按钮，此时可看到数据水平方向和垂直方向都居中。鼠标指针停留在 B2:D2 单元格区域，单击"开始"｜"单元格"｜"格式"按钮，选择"行高"命令，在"行高"对话框中设置行高为 26.25。

（3）选择 B2:D2 单元格区域，单击"开始"｜"字体"｜"填充颜色"图标右侧的下三角按钮，选择"蓝色，个性 1，深色 25%"；单击"开始"｜"字体"｜"字号"按钮，在字号栏里输入 15；单击"开始"｜"字体"｜"字体颜色"按钮，选择白色；单击"开始"｜"字体"｜"加粗"按钮，加粗字体。选择 B3:D7 单元格区域，单击"开始"｜"字体"｜"填充颜色"图标右侧的下三角按钮，选择"白色，背景 1，深色 5%"按钮。

（4）鼠标右键单击 C3 单元格，在弹出的快捷菜单中选择 "单元格设置"命令，打开图 1-22 所示的对话框，进行自定义设置；选择 C3:C7 单元格区域，单击"开始"｜"字体"｜"加粗"按钮对字体进行加粗设置；鼠标右键单击 C7 单元格，在弹出的快捷菜单中选择"单元格设置"命令，打开"设置单元格格式"对话框，进行图 1-23 所示的设置。

（5）选择 B2:D7 单元格区域，单击"开始"｜"字体"｜"边框"右侧的下三角按钮，选择"粗下画线"，完成边框的设置；单击 D 列列号即选择该列，单击"开始"｜"单元格"｜"格式"按钮，选择"列宽"命令，在"列宽"对话框中设置列宽为 1.13。效果如图 1-24 所示。

（6）B9:D12 单元格区域的设置，选择 B2:D7 单元格区域，单击"开始"｜"剪贴板"｜"格式刷"图标，此时鼠标指针为空心十字带刷子的，在 B9:D12 单元格区域拖曳鼠标，效果如图 1-25 所示，图中第 9 行行高和第 2 行行高不一致，同时 C10:C12 单元格区域格式设置和要求不符合。

按照前面的操作步骤设置第 9 行行高及重新设置 C10:C12 单元格区域的格式。

图 1-22 "自定义"设置　　　　　　　　　　图 1-23 "货币"格式设置

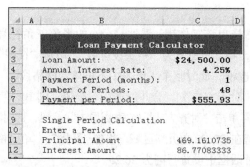
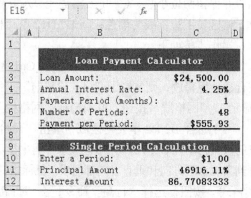

图 1-24 部分区域设置格式后的工作表　　　　图 1-25 格式刷设置后的工作表

格式刷的功能主要是复制格式，比如单元格的字体、字号、底纹、边框等。但行高和列宽在 Excel 中使用格式刷功能不能被复制。

1. 设置单元格格式

（1）内置格式。

设置数据格式是指对数据的字体、字号、颜色、对齐方式以及数字的各种类型等属性进行设置。在 Excel 2016 中，用户可以通过"字体"组、"数字"组、"对齐方式"组对数据格式进行相关操作。如数据的字体、字号、颜色、下画线、加粗以及倾斜等。下面在"5 月份销量清单"工作表中设置字体、字号、颜色等内容，其具体操作步骤如下：

① 设置字体。

在工作表中选择 A2:F12 单元格区域，单击"开始"|"字体"右侧的下拉按钮，在打开的下拉列表框中选择"微软雅黑"选项，如图 1-26 所示。

② 设置字号。

单击"开始"|"字号"右侧的下拉按钮，在打开的下拉列表框中选择"14"选项，如图 1-27 所示。

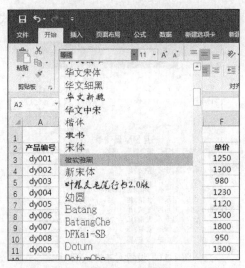

图 1-26　设置字体

图 1-27　设置字号

③ 设置字体颜色。

单击"开始"|"字体颜色"右侧的下拉按钮，在打开的下拉列表框中选择"黑色，文字 1"选项，如图 1-28 所示。

④ 设置字形。

选择工作表 C3:C11 单元格区域，单击"开始"|"字体"|"加粗"按钮，效果如图 1-29 所示。

图 1-28　设置字体颜色

图 1-29　设置字形

⑤ 设置对齐方式。

在 Excel 表格中，各种类型的数据默认的对齐方式不同，如数字默认右对齐、文本默认左对齐等。在制作或美化表格的过程中，可根据实际需要设置数据的对齐方式。下面在"5 月份销量清单"工作表中设置标题文本的对齐方式，操作步骤如下：

在工作表中选择 A1 单元格，单击"开始"|"对齐方式"|"居中"按钮，如图 1-30 所示，效果如图 1-31 所示。

设置单元格或区域的对齐方式，还可单击"开始"|"对齐方式"右下角的扩展按钮，打开"设置单元格格式"对话框，如图 1-32 所示。单击"对齐"选项卡，在"水平对齐"和"垂直对齐"

选项组中选择相应的对齐方式，如果没有合适的，在对话框右边可以调整角度数来设置对齐方式。

图 1-30　设置对齐方式前

图 1-31　设置对齐方式后

"文本控制"选项组可以设置"自动换行"来调整一个单元格的宽度，不至于在视觉上感觉侵占了别的单元格。如果强制换行，可以按 Alt+Enter 组合键。

"合并单元格"可以实现多个单元格的合并，此时待合并的横向或列向单元格区域只能有一个单元格有内容或都空，不可以多个单元格都有内容，否则将弹出图 1-33 所示的对话框。

通过"缩小字体填充"可以在不改变单元格大小的情况下缩小字体，显示内容。

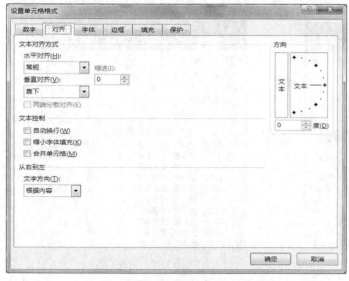

图 1-32　"设置单元格格式"对话框

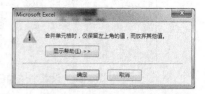

图 1-33　单元格不能合并的警示框

（2）自定义格式。

在"设置单元格格式"对话框的"数字"选项卡中选择"自定义"选项，在"类型"列表框中显示了 Excel 内置的数字格式的代码，用户可以在"类型"文本框中自定义数字显示格式。实际上，自定义数字格式代码并没有想象中那么复杂和困难，只要掌握了它的规则，就很容易通过格式代码来创建自定义数字格式。

自定义格式代码可以为 4 种类型的数值指定不同的格式，分别是正数、负数、零值和文本。

在代码中，用分号"；"来分隔不同的区段，每个区段的代码作用于不同类型的数值。完整格式代码的组成结构为"大于条件值"格式、"小于条件值"格式、"等于条件值"格式、文本格式。

在没有特别指定条件值时，默认的条件值为 0，因此，格式代码的组成结构也可视作正数格式、负数格式、零值格式、文本格式，即当输入正数时，显示设置的正数格式；当输入负数时，显示设置的负数格式；当输入"0"时，显示设置的零值格式；当输入文本时，显示设置的文本格式。

下面通过一段代码对自定义的格式组成规则进行分析和讲解，代码如下：

`_*#,##0.00_;_*#,##0.00_;_*"-"??_;_@_`

代码在对话框中的位置如图 1-34 所示。

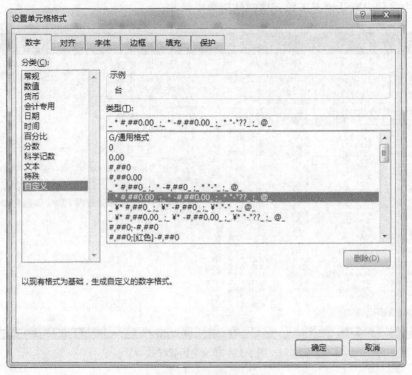

图 1-34　自定义格式设置

其中，"_"表示用一个字符位置的空格来进行占位；"*"表示重复显示标志，"*'空格'"表示数字前空位用重复显示"空格"来填充，直至填充满整个单元格；"#,##0.00"表示数字显示格式；"??"表示用空白来显示数字前后的 0 值，即单元格为 0 值时，显示为"两个空白"；"@"表示输入文本。通过分析可得到结果：当输入正数时，如 1111，则显示为 1,111.00；当输入负数时，如-1111，则显示为 1,1111.00；当输入 0 时，则显示为-；当输入字符时，如 abc，则显示为 abc（前后各空一格空格位置）。

2.　单元格样式

通过命名样式，可以实现一组单元格或区域应用预定义的格式选项，当更改样式的组成部分时，所有使用命名样式的单元格会自动更改，节省时间，提高效率。

一种样式最多由 6 种不同属性的设置组成：

● 数字格式。

- 对齐（垂直及水平方向）。
- 字体（字形、字号和颜色）。
- 边框。
- 填充。
- 单元格保护（锁定和隐藏）。

（1）应用样式。

Excel 包含了一组非常好的预定义名称样式供选择，如图 1-35 所示，显示了单击"开始"|"样式"|"单元格样式"按钮时获得的效果，这里显示的是"实时预览"，当在不同的样式选项之间移动鼠标时，选中的单元格区域将会立即显示相应的样式，当发现喜欢的样式时，单击即可把样式应用于选中区域。默认情况下单元格都使用常规样式。

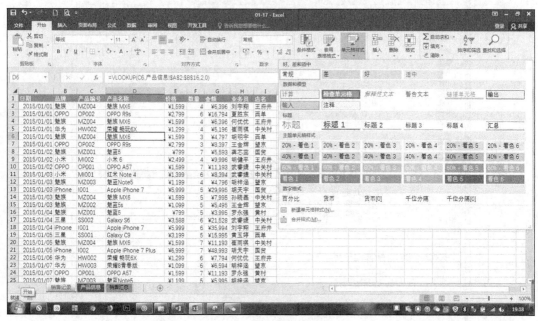

图 1-35　单元格内置样式

（2）修改现有样式。

单击"开始"|"样式"|"单元格样式"按钮，鼠标右键单击要修改的样式，在弹出的快捷菜单中选择"修改"命令，打开"样式"对话框，如图 1-36 所示。单击"格式"按钮进行相应修改。

（3）创建新样式。

除了使用 Excel 的内置样式外，还可以创建自己的样式。操作步骤如下：

① 选择一个单元格，并应用要包含在新样式中的所有格式，可以使用"设置单元格格式"对话框中的任意格式。

② 单击"开始"|"样式"|"单元格样式"按钮，然后选择"新建单元格样式"命令，打开"样式"对话框。

③ 在"样式名"文本框中输入新的样式名。"样式包括"选项组中复选框显示单元格的当前格式，如果不想在样式中包含一个或多个格式种类，取消选中的复选框。

④ 单击"确定"按钮，完成新样式的创建。

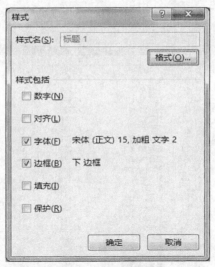

图 1-36　"样式"对话框

创建好的样式可以像内置样式一样使用，但仅适应用于创建它的工作簿，别的工作簿使用需要合并该样式。

（4）从其他工作簿合并样式。

如果在先前的工作簿中创建好了样式，现有工作簿也要使用，最简单快速的方法就是从先前的工作簿中合并样式。具体操作如下：

打开两个工作簿，激活现有工作簿，单击"开始"|"样式"|"单元格样式"按钮，选择"合并样式"命令，打开"合并样式"对话框，选择要合并样式的工作簿，单击"确定"按钮。这样，Excel 就会将样式从选择的工作簿复制到活动的工作簿。

（5）套用表格格式。

表格的概念：表格是用于包含结构化数据的矩形区域，表格的每一行对应一个实体，表格顶端是一个描述各列信息的标题行。如果把区域标识成了表格，则 Excel 可以更智能地在此区域进行操作，添加新行时，如果有公式，则公式自动扩展，如果将表格做成图表，图表也会自动扩展，相应的格式也会在新行新列中应用（新行和新列与表格之间没有空行和空列）。

例 1.5　工作表样式的使用。打开"表格应用"工作簿，将"销售记录"工作表复制一份，重命名为"销售记录 1"；根据"产品信息"工作表，求"销售记录"工作表中相应的产品名称和销售金额；将"销售记录 1"工作表 A1:H1039 区域设置为表格，再求出相应的产品名称和销售金额，为表格设置相应的样式；最后将表格转换为区域。

操作步骤如下：

（1）打开"表格应用"工作簿，按 Ctrl 键拖曳"销售记录"工作表到合适位置释放，复制工作表，重命名该工作表为"销售记录 1"。

（2）单击"销售记录"工作表，如图 1-37 所示，在 D2 单元格输入公式"=VLOOKUP(C2,产品信息!$A$2:$B$16,2,0)"按 Enter 键，单击 D2 单元格，当该单元格的右下角的鼠标指针变成实心十字箭头时双击，复制公式在该列其他单元格，即求出了相应的产品名称；同样方法在 G2 单元格输入公式"=E2*F2"，求出相应的销售金额。

（3）单击"销售记录 1"工作表，选择 A1:H1039 单元格区域，单击"插入"|"表格"按钮，将该区域转换为表格；可以看到第一行有筛选标志，同时隔行底纹颜色不同，如图 1-38 所示。

图 1-37 将区域转换成表格

图 1-38 求出相应单元格的值

（4）在 D2 单元格输入公式"=VLOOKUP([@产品编号],产品信息!$A$2:$B$16,2,0)"后按 Enter 键，可看到同列相应单元格的值一并求出，不用拖曳，公式自动扩展。按同样方法求出相应的销售金额。效果如图 1-39 所示。

图 1-39　在表格中使用公式后的效果

（5）单击"销售记录 1"工作表，选择 A1:H1039 单元格区域，选择"设计"|"工具"|"转换为区域"命令，在打开的对话框中单击"是"按钮，即把表格转换成为区域；图 1-40 所示为应用了表格的样式，但不具备表格的特点。

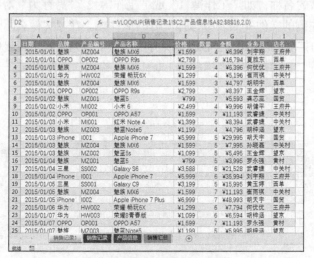

图 1-40　将表格转换为区域

1.2　Excel 文件操作

Excel 文件操作

　　启动 Excel 2016 后，可单击"空白工作簿"图标，创建一个空白工作簿，新工作簿名为"工作簿 1"，该工作簿只存在于内存中，默认有一个"Sheet1"工作表。通过"Excel 选项"对话框的"常规"选项卡可更改工作簿的默认工作表数。

Excel 文件格式包括：

XLSX：不包含宏的工作簿文件。

XLSM：包含宏的工作簿文件。

XLTX：不包含宏的工作簿模板文件。

XLTM：包含宏的工作簿模板文件。

XLSA：加载项文件。

XLSB：与旧版的 xls 格式相似，但具有新功能的二进制文件。

XLSK：备份文件。

1.2.1　保存和另存为

Excel 提供了 4 种保存工作簿的方法：

- 单击快速访问工具栏上的"保存"图标。
- 按 Ctrl+S 组合键。
- 按 Shift+F12 组合键。
- 选择"文件"|"保存"命令。

保存文件时将会覆盖目标文件夹中之前的文件。如果工作簿已被保存过，则会使用相同文件名在相同位置再次保存它。如果要将工作簿保存为新文件或者保存到一个不同的位置，则选择"文件"|"另存为"命令；如果未保存过工作簿，将显示 Backstage 视图中的"另存为"窗格。在这里可以指定一个位置，然后在"另存为"对话框中指定文件名。新（未保存）工作簿的标题栏会显示默认的名称，如"工作簿 1"或"工作簿 2"。"另存为"对话框与"打开"对话框很相似。可以在左侧的文件夹列表中选择所需的文件夹。在"文件名"下拉列表框中输入文件名，不指定文件的扩展名。Excel 会根据"保存类型"下拉列表框中指定的类型自动添加扩展文件名。默认情况下，文件被保存为标准的 Excel 文件格式，即使用.xlsx 作为文件扩展名，如图 1-41 所示。

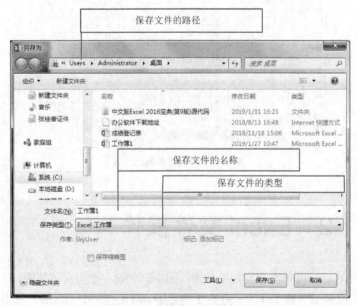

图 1-41　"另存为"对话框

1.2.2　Excel 的保护选项

1. 密码保护工作簿

在某些情况下，根据需要给工作簿设置了密码，当其他用户要打开一个具有密码保护的工作簿时，必须输入密码才能打开该文件。具体操作如下：

（1）单击"文件"|"信息"|"保护工作簿"按钮。此按钮会弹出一个下拉列表，显示其他一些选项。

（2）选择"用密码进行加密"选项，打开"加密文档"对话框，如图 1-42 所示。

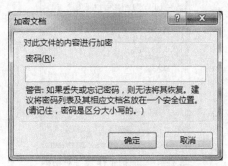

图 1-42　"加密文档"对话框

（3）输入密码，然后重新输入一次进行确认。

（4）单击"确定"按钮，将保存工作簿。

此时在"信息"界面内显示文档已加密，如图 1-43 所示。

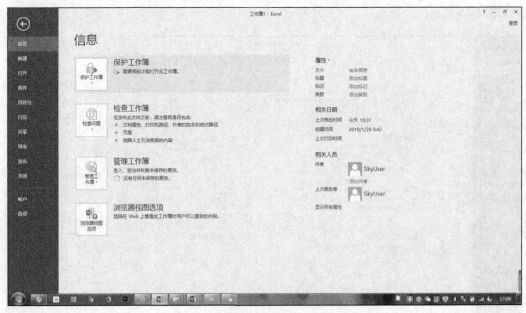

图 1-43　工作簿加密后在信息界面的显示

当重新打开此工作簿时，Excel 将提示输入密码（密码区分大小写）。

2. "保护工作簿"选项

在"文件"|"信息"|"保护工作簿"下拉列表中包含以下选项：

标记为最终：使用此选项可将工作簿指定为"最终状态"。文档将被保存为只读文件，以防止更改。此操作有助于让别人知道共享的工作簿是已完成的版本。

用密码进行加密：这种操作相当于密码保护工作簿。

保护当前工作表：此命令可保护工作表中的各项内容，如图 1-44 所示。

图 1-44 "保护工作表"对话框

系统默认选择"保护工作表及锁定的单元格内容"复选框，在"允许此工作表的所有用户进行"列表框中选择"选定锁定单元格"和"选定未锁定的单元格"复选框，根据实际情况选择相应的选项。在密码框中输入密码，单击"确定"按钮，再次输入密码，即可实现工作表的保护。

如果要取消对工作簿的保护，可选择"文件"｜"信息"｜"保护工作簿"｜"取消保护"超链接，如图 1-45 所示。

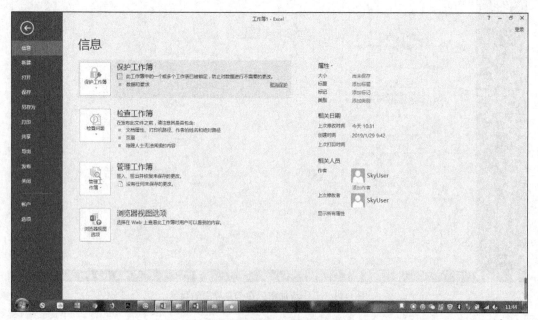

图 1-45 取消对工作簿密码保护

在图 1-46 所示对话框的"密码"文本框中输入密码即可取消保护工作表。

图 1-46　"撤销工作表保护"对话框

　　数字签名是电子邮件、宏或电子文档等数字信息上的一种经过加密的电子身份验证戳。用于确认宏或文档来自数字签名本人且未经更改。添加数字签名可以确保文档的完整性，从而进一步保证文档的安全。

1.2.3　限定工作表的可用范围

　　有时候对工作表的某些部分会限定操作，例如只能查看单元格的内容，但不可以更改或编辑等。默认情况下，所有单元格都是被锁定状态。

　　例 1.6　在"按月份统计"工作表中，为 B3:G9 单元格区域设置密码保护，使该区域不能重新编辑，别的区域可以编辑，用"yuefenmima"作为区域保护密码。

　　操作步骤如下：

　　（1）选择整个工作表，单击"开始"|"格式"按钮，选择"锁定单元格"命令，取消整个工作表单元格的锁定状态。

　　（2）选中 B3:G9 单元格区域并单击鼠标右键，在弹出的快捷菜单中选择"单元格格式"命令，打开"设置单元格格式"对话框，选择"保护"选项卡，选中"锁定"复选框。

　　（3）单击"审阅"|"保护"|"保护工作表"按钮，在打开的"保护工作表"对话框中选择"选定锁定单元格""选定未锁定的单元格""编辑对象"复选框，如图 1-47 所示。

　　（4）在"取消工作表保护时使用的密码"文本框中输入"yuefenmima"，单击"确定"按钮，再次在确认密码对话框中输入相同密码，此时已经实现了区域的保护。双击 B3:G9 单元格区域中

图 1-47　"保护工作表"对话框

任意单元格，弹出图 1-48 所示的对话框，在其他区域双击可以编辑输入。

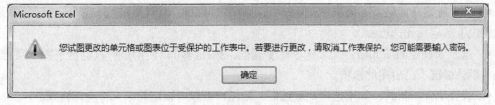

图 1-48　在尝试更改锁定的单元格时弹出警告

　　例 1.7　保护"投资项目列表"工作表，密码为"touzi"，使该工作表不能进行任何更改。保护"利润预测"工作表，不可选定工作表中任意单元格，但可以通过控件修改工作表中的数据，不使用密码。

　　操作步骤如下：

　　（1）单击"投资项目列表"工作表，单击"审阅"|"保护"|"保护工作表"按钮，打开"保

护工作表"对话框，在"取消工作表保护时使用的密码"文本框中输入密码"touzi"；在"允许此工作表的所有用户进行"列表框中不做修改，单击"确定"按钮实现对工作表的保护。此时该工作表中的单元格或区域只能被选中，但不可做任何修改。

（2）单击"利润预测"工作表，选择 B2 单元格并单击鼠标右键，在弹出的快捷菜单中选择"单元格格式"命令，在打开的"设置单元格格式"对话框中选择"保护"选项卡，取消选中的"锁定"和"隐藏"复选框；单击"确定"按钮取消 B2 单元格的锁定。

（3）单击"审阅"|"保护"|"保护工作表"按钮，打开"保护工作表"对话框，在"取消工作表保护时使用的密码"文本框中不输入密码；在"允许此工作表的所有用户进行"列表框中选择"编辑对象"和"编辑方案"复选框，取消选择的"选定锁定单元格"和"选定未锁定单元格"复选框，如图 1-49 所示。

此时单击 B2 单元格中的下拉列表控件，可以看到右边的值在更改，其他的都不可操作，如图 1-50 所示。

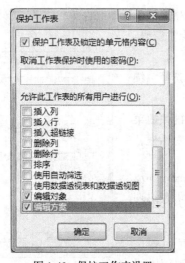

图 1-49　保护工作表设置

图 1-50　控件控制更改项

下面对保护选项进行讲解。

"保护工作表"对话框中，有一些选项为工作表受到保护时，用户可以执行的操作。

- 选定锁定单元格：如果选中此复选框，则用户可以使用鼠标或键盘选择已锁定的单元格。默认情况下已启用此选项。

- 选定未锁定的单元格：如果选中此复选框，则用户可以使用鼠标或键盘选择未锁定的单元格。默认情况下已启用此选项。

- 设置单元格格式：如果选中此复选框，则用户可以对锁定的单元格应用格式。

- 设置列格式：如果选中此复选框，则用户可以隐藏或改变列的宽度。

- 设置行格式：如果选中此复选框，则用户可以隐藏或改变行的高度。

- 插入列：如果选中此复选框，则用户可以插入新列。

- 插入行：如果选中此复选框，则用户可以插入新行。

- 插入超链接：如果选中此复选框，则用户可以插入超链接（锁定的单元格也可以）。

- 删除列：如果选中此复选框，则用户可以删除列。

- 删除行：如果选中此复选框，则用户可以删除行。

- 排序：如果选中此复选框，则用户可以对区域内的数据进行排序（前提是区域中不包含锁定的单元格）。
- 使用自动筛选：如果选中此复选框，则用户可以使用现有的自动筛选功能。
- 使用数据透视表和数据透视图：如果选中，则用户可以更改数据透视表的布局，或者创建新的数据透视表。此设置也可以用于数据透视图。
- 编辑对象：如果选中此复选框，则用户可以更改对象图表，插入或删除批注。
- 编辑方案：如果选中此复选框，则用户可以使用方案管理功能。

例1.8 保护"利润"工作簿，使用户无法添加、删除或修改工作表，除非输入密码"baohu"，并将该工作簿的自动保存间隔时间设置为15分钟。

操作步骤如下：

（1）打开"利润"工作簿。

（2）单击"审阅"|"保护"|"保护工作簿"按钮；打开图1-51所示的"保护结构和窗口"对话框。

（3）选择"结构"复选框，在"密码"文本框中输入"baohu"，即实现了工作簿的保护，不可增加、删除和更改工作表。

（4）选择"文件"|"选项"命令，在打开的"Excel选项"对话框中设置"保存自动恢复信息时间间隔"为15分钟，如图1-52所示。

图1-51 "保护结构和窗口"对话框

图1-52 "Excel选项"对话框

对工作簿保护有两种方式：一种是用密码才能打开工作簿；另一种是保护工作簿的结构，防止用户删除、添加、隐藏和取消隐藏工作表。这两种方式不互斥，可以同时使用。

1.2.4 冻结窗格

在Excel工作表中，有时候数据量非常大，列数或行数在一屏看不完，此时如果向下或向右拖动滚动条，则有些单元格标题不可见，我们可以采用冻结窗格的方法解决这样的问题。

例 1.9 配置工作表以便在垂直滚动时，第 7 行和上方的艺术字保持可见并隐藏 C 列公式。

操作步骤如下：

（1）将鼠标指针定位于 A8 单元格。

（2）单击"视图"|"窗口"|"冻结窗格"按钮，选择"冻结拆分窗格"命令，如图 1-53 所示。此时在第 7 行的下面会有一条线，垂直滚动时，第 7 行和上方的数据保持可见。

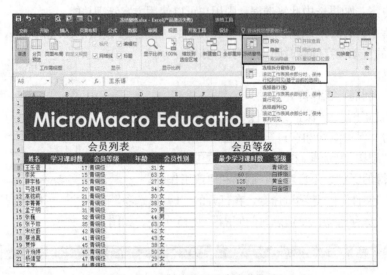

图 1-53　冻结窗格后垂直滚动效果

如果想让第 1 列和第 7 行以上的数据保持可见，则选中 B8 单元格，单击"视图"|"窗口"|"拆分"按钮，此时会看到第 1 列的右边和第 7 行的下面都有一条细线，此时垂直或水平滚动，会发现第 1 列和第 7 行及上方的数据保持可见。如果要取消冻结，单击"视图"|"窗口"|"冻结窗格"按钮，选择"取消冻结窗格"命令。

（3）隐藏 C 列公式，隐藏公式前 C8 单元格的公式如图 1-54 所示。

图 1-54　C8 单元格的公式显示

（4）选择 C7:C63 单元格，单击鼠标右键，在弹出的快捷菜单中选择"单元格格式设置"命令，在打开的"设置单元格格式"对话框中单击"保护"选项卡，选择"隐藏"和"锁定"复选框。

（5）单击"审阅"|"保护"|"保护工作表"按钮，此时单击 C8:C63 中的任意单元格，在编辑栏中看不到公式，如图 1-55 所示。

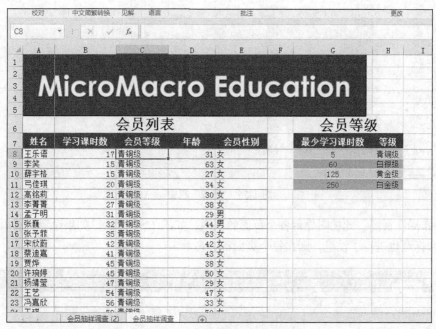

图 1-55　隐藏公式工作表

1.2.5　打印的基本设置

下面讲解 Excel 中打印的功能和一些选项设置。

在 Excel 中的默认打印设置如下：

- 打印活动工作表（或选定的所有工作表），包括任何嵌入的图表和对象。
- 打印一个副本。
- 打印整个活动工作表。
- 以纵向模式打印。
- 不对打印输出进行缩放。
- 使用上下页边距为 0.75 英寸、左右页边距为 0.7 英寸大小的信纸（适用于美国版本）。
- 打印的文档没有页眉和页脚。
- 不打印单元格批注。
- 打印的文档中没有单元格网格线。
- 对于跨越多页的较宽工作表，将先纵向打印，再横向打印。

打印时，Excel 将只打印设置了格式、内容或者选定的区域，而不是所有的 170 亿个单元格。

1.　页面视图

"普通"视图：此视图为工作表的默认视图，视图既可以显示分页符，也可以不显示分页符，通常在打印预览后看到分页符（水平和垂直的浅色虚线），图 1-56 所示为分页预览后的效果。

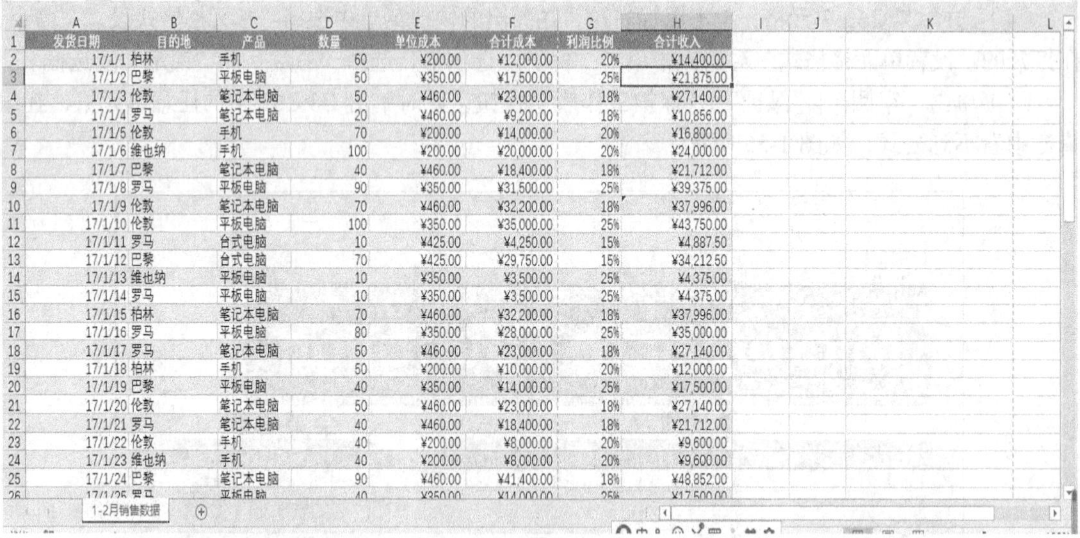

图 1-56 "普通"视图

"页面布局"视图：此视图显示各个页面的视图，如图 1-57 所示。如果设置了页眉和页脚，行标题和列标题也进行了设置，则在每个页面都会显示。

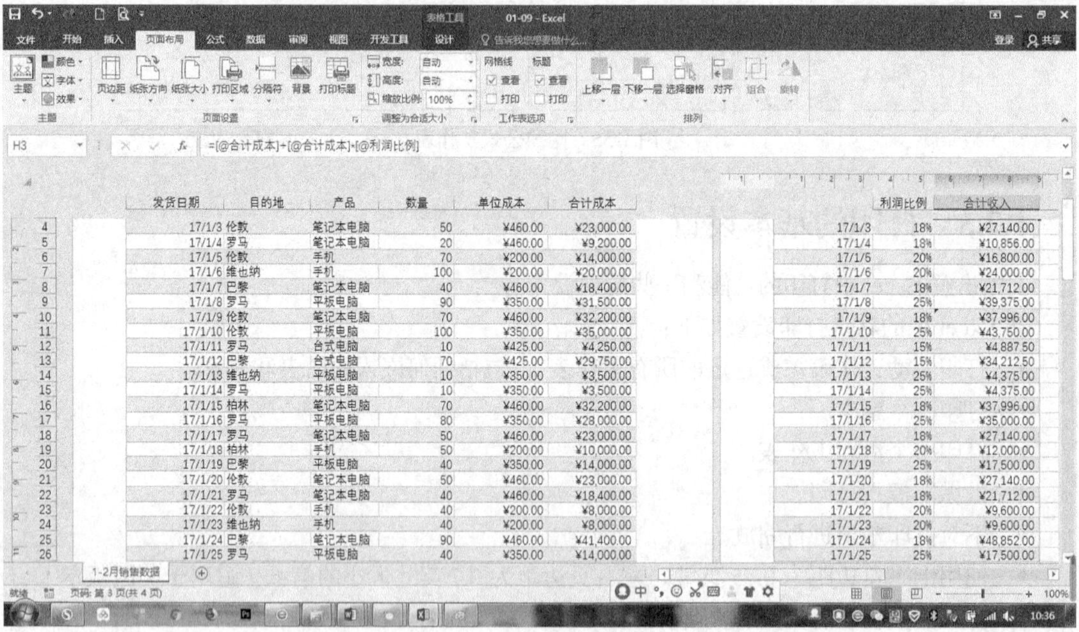

图 1-57 "页面布局"视图

"分页预览"视图：此视图为可以手动调整分页符的视图，如图 1-58 所示。在此视图下，可以更改缩放比例以显示更多工作表；显示页面上的页码；以白色背景显示当前打印区域，以灰色背景显示非打印区域；将所有分页符显示为可拖动的虚线。

2. 指定要打印的内容

有时只需要打印工作表的部分内容，可选择"文件"|"打印"命令，使用"打印"对话框中"设置"部分的控件来指定打印内容。

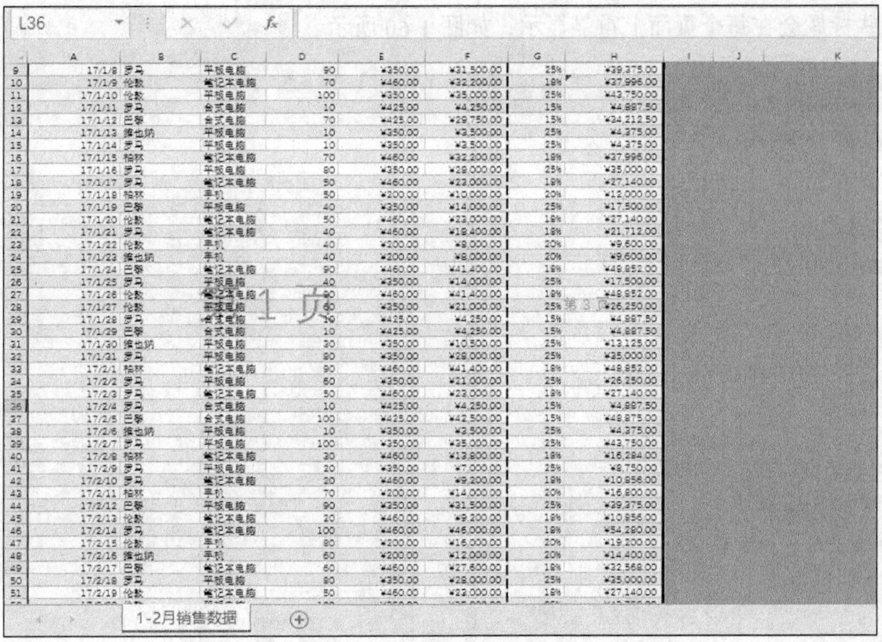

图 1-58　"分页预览"视图

- 打印活动工作表：打印活动工作表或多个工作表。可以通过按 Ctrl 键并单击工作表选项卡来选择打印多个工作表。如果选择多个工作表，Excel 将开始在新页面上打印每个工作表。
- 打印整个工作簿：打印整个工作簿，包括图表工作表。
- 打印选定区域：只打印工作表中选定的内容。
- 打印选定图表：仅当已选择图表时才会显示。如果选择此选项，将只打印图表。
- 打印所有表格：只有在显示"打印设置"对话框时，当单元格指针位于表格中时，才会显示此选项，如果选中，则只打印相应表格。

3. 分页符

Excel 会自动处理分页符，但当要打印的内容很长或者打印的内容很特殊时，需要手动处理分页符，实现打印的目的。

要插入一个横向分页符，可将单元格指针移动到将开始新页面的单元格，需要将指针放在 A 列，否则会插入一个垂直和水平的分页符。要插入一个垂直分页符，可将单元格指针移动到将开始新页面的单元格，需要将指针放在第一行，单击"页面布局"|"页面设置"|"分隔符"按钮，选择"插入分页符"命令，创建分页；如果要删除分页符，将单元格指针移到手动分页符的下方第一行或右侧第一列，然后单击"页面布局"|"页面设置"|"分隔符"按钮，选择"删除分页符"命令；如果要删除所有手动分页符，单击"页面布局"|"页面设置"|"分隔符"按钮，选择"重置所有分页符"命令。

4. 打印行列标题

如果打印页面较多，没有进行标题行列设置的话，有些数据可能会难以识别。行和列标题在打印输出中的用途与冻结窗格在工作表导航中的作用类似，但冻结窗格不会影响输出。

可指定在每页顶部重复出现的特定行和左侧重复出现的特定列，单击"页面布局"|"页面设置"|"打印标题"按钮，将打开图 1-59 所示的"页面设置"对话框，单击"顶端标题行"和"左端标题列"右侧的 按钮，选择工作表中的行或列。当指定行或列标题，并使用"页面布局"视

图时，这些标题会在每个页面上重复显示，如图 1-60 所示。

图 1-59 "页面设置"对话框

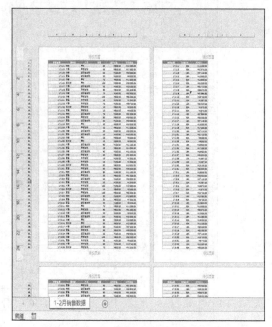

图 1-60 "页面布局"视图显示标题

对打印输出进行缩放。某些情况下，需要强制打印内容输出的页数，可以通过放大或缩小来实现。输入比例系数，单击"页面布局"|"调整为合适大小"|"缩放比例"右侧的按钮可以调整缩放比例数值，也可以在文本框中输入 10%～400%范围内的系数。

要强制 Excel 输出的页数，可单击"页面布局"|"调整为合适大小"|"宽度"和"页面布局"|"调整为合适大小"|"高度"右侧按钮，更改其中的选项，将其缩放在要求范围内。如果将打印内容限制在一页内，也可选择"文件"|"打印"命令，在"设置"部分单击"自定义缩放选项"的下拉按钮，在下拉列表中选择"将工作表调整为一页"命令，如图 1-61 所示。

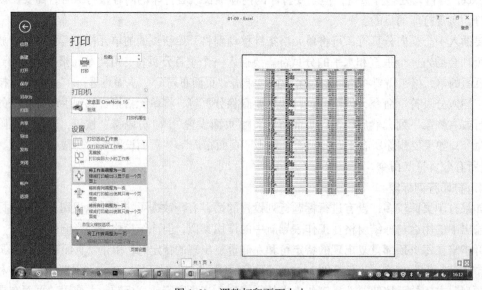

图 1-61 调整打印页面大小

5．添加页眉或页脚

页眉是出现在每个打印页顶部的信息，页脚是出现在每个打印页底部的信息。设置页眉/页脚的方法如下：

（1）选择"页面设置"对话框中的"页眉/页脚"选项卡来指定页眉和页脚。

（2）如果在"页面布局"视图，可单击"添加页眉"或"添加页脚"来完成页眉或页脚的添加。

（3）如果在"普通"视图，也可单击"插入"｜"文本"｜"页眉和页脚"按钮，Excel 将切换到"页面布局"视图，并激活页眉，如图 1-62 所示。表 1-2 列出了页眉和页脚按钮及功能。

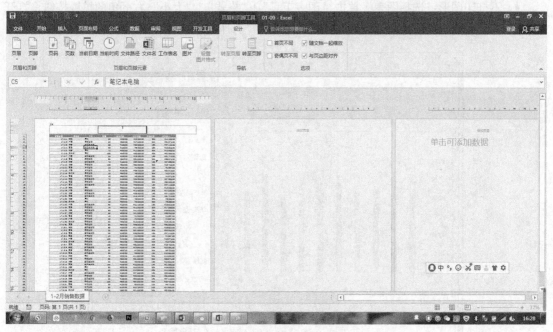

图 1-62　在"页面布局"视图插入页眉

表 1-2　　　　　　　　　　　　　　页眉和页脚按钮及功能

按钮	代码	功能
页码	&[Page]	显示页码
页数	&[Pages]	显示要打印的总页数
当前日期	&[Date]	显示当前日期
当前时间	&[Time]	显示当前时间
文件路径	&[Path] &[File]	显示工作表的完整路径和文件名
文件名称	&[File]	显示工作簿名称
工作表名称	&[Tab]	显示工作表名称
图片	Not Applicable	可以添加图片
设置图片格式	Not Applicable	可以更改已添加的图片设置

6. 禁止打印特定的单元格或内容

如果工作表包含的某些信息不方便打印，则可以使用一些方法来禁止打印工作表的特定部分。

- 隐藏行列：行或列隐藏后将不被打印。
- 隐藏单元格或区域。
- 可通过使文本颜色与背景颜色相同来隐藏单元格或区域，并不一定适用于所有打印机。
- 可通过含有三个分号（;;;）设置单元格或区域格式来隐藏单元格。
- 屏蔽区域：在区域上覆盖一个矩形的形状，单击"插入"|"插图"|"形状"按钮，选择"矩形形状"，调整填充颜色，删除边框即可。
- 不打印图形：选择图表，单击"图表工具"|"格式"|"大小"右下角的扩展按钮，打开"设置图表区格式"窗格，在"属性"选项取消选择"打印对象"复选框，如图 1-63 所示。

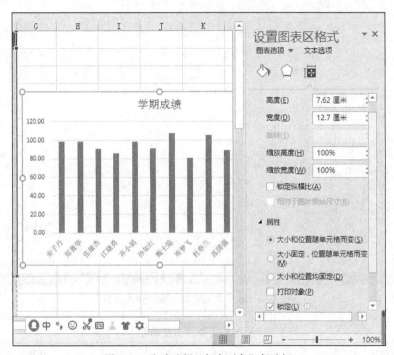

图 1-63　取消选择"打印对象"复选框

例 1.10　设置"会员抽样调查"工作表，使第 7 行中的行标题出现在所有打印页上，并设置 A7:E63 单元格区域为打印区域。修改"年度销售汇总"工作表的打印设置，纸张为横向，并将工作表调整为 1 页打印。

操作步骤如下：

（1）单击"页面布局"|"页面设置"|"打印标题"按钮，打开"页面设置"对话框。

（2）在"工作表"选项卡的"顶端标题行"文本框中选择工作表的第 7 行，显示为$7:$7，则会在所有打印页面出现第 7 行中的标题。

（3）选择 A7:E63 单元格区域，单击"页面布局"|"打印区域"按钮，选择"设置打印区域"命令，则将 A7:E63 单元格区域设置成打印区域。

（4）单击"年度销售汇总"工作表，选择"文件"|"打印"命令，在"设置"部分单击"自定义缩放"的下拉按钮，在下拉列表中选择"将工作表调整为一页"命令。

习　题

一、单项选择题

1. 下列有关 Excel 工作表命名的说法中，正确的是（　　）。

　（A）工作表的名字只能以字母开头

　（B）同一个工作簿可以存在两个同名的工作表

　（C）工作簿默认的工作表名称为 Book1

　（D）工作表命名应"见名知意"

2. 下列有关 Excel 工作表单元格的说法中，错误的是（　　）。

　（A）每个单元格都有固定的地址

　（B）同列不同单元格的宽度可以不同

　（C）若干单元格构成工作表

　（D）同列不同单元格可以选择不同的数字分类

3. 如图 1-64 所示，向工作表 A2:A7 单元格区域输入考号"001～006"，应将单元格的数字分类设置为（　　）。

　（A）常规　　　　　（B）数值　　　　　（C）文本　　　　　（D）自定义

图 1-64　选择题 3

4. 下面关于冻结窗格，说法错误的是（　　）。

　（A）冻结窗格，则隐藏了部分内容

　（B）冻结窗格方便看数据

　（C）冻结窗格可以在纵向方便查看数据

　（D）冻结窗格可以在横向方便查看数据

5. 打开工作簿就需要输入密码否则不能打开工作簿，下面操作正确的是（　　）。

　（A）应该选择"文件"|"信息"命令，然后单击"保护工作簿"按钮，在下拉列表中进行设置

　（B）单击"审阅"|"保护"|"保护工作表"按钮进行设置

　（C）单击"审阅"|"保护"|"保护工作簿"按钮进行设置

　（D）单击"审阅"|"保护"|"共享工作簿"按钮进行设置

二、简答题

1. 工作组模式已经建立，怎么取消对工作组的操作？

2. 保护工作表的方法有哪些，怎么保护部分区域的数据不被修改？

3. 工作表中如果合并单元格，可否多个单元格中有数据？

第2章
数据录入的格式设置

数据录入是运用 Excel 处理和分析数据时必不可少的一个基础环节。使用 Excel 来加工处理数据的时候，我们一定要先把原始数据录入或导入 Excel 的表格，然后才可以对其进行相应的设置和处理。由此可见，输入数据的操作对 Excel 是非常重要的，而且在 Excel 中输入数据的方式、方法有很多种，这还需要通过具体的案例进行学习和掌握。

2.1 设置学生信息表中的数据验证

2.1.1 案例说明

制作并输入"学生信息表"，如图 2-1 所示。

序号	姓名	性别	籍贯	政治面貌	联系方法		班级	学号	宿舍
					手机	邮箱			
1	程小丽	女	北京市	共青团员	13900001233	010101@hue1.edu.cn	A0101	20134010101	雅1-101
2	马路刚	男	北京市		13900001234	010102@hue1.edu.cn	A0101	20134010102	雅1-106
3	张军	男	河南省		13900001235	010103@hue1.edu.cn	A0101	20134010103	雅1-106
4	刘志刚	男	山西省		13900001236	010104@hue1.edu.cn	A0101	20134010104	雅1-106
5	张红军	男	福建省		13900001237	010105@hue1.edu.cn	A0101	20134010105	雅1-106
6	杨红敏	女	河南省	共青团员	13900001238	010106@hue1.edu.cn	A0101	20134010106	雅1-101
7	杨伟健	女	甘肃省	共青团员	13900001239	010107@hue1.edu.cn	A0101	20134010107	雅1-101
8	卢红	女	福建省	共青团员	13900001240	010108@hue1.edu.cn	A0101	20134010108	雅1-106
9	李佳	男	河南省		13900001241	010109@hue1.edu.cn	A0101	20134010109	雅1-106
10	李诗	男	河南省		13900001242	010110@hue1.edu.cn	A0101	20134010110	雅1-107
11	许泽平	男	北京市	共青团员	13900001243	010111@hue1.edu.cn	A0101	20134010111	雅1-107
12	张红	男	北京市		13900001244	010112@hue1.edu.cn	A0101	20134010112	雅1-107
13	田丽	女	河南省		13900001245	010113@hue1.edu.cn	A0101	20134010113	雅1-107
14	刘大为	男	山西省	共青团员	13900001246	010114@hue1.edu.cn	A0101	20134010114	雅1-107
15	李几成	男	福建省	共青团员	13900001247	010115@hue1.edu.cn	A0101	20134010115	雅1-107
16	李辉	女	河南省	共青团员	13900001248	010116@hue1.edu.cn	A0101	20134010116	雅1-108
17	张恬恬	女	甘肃省		13900001249	010117@hue1.edu.cn	A0101	20134010117	雅1-102
18	唐小艳	女	福建省		13900001250	010118@hue1.edu.cn	A0101	20134010118	雅1-102
19	刘艳	女	河南省	共青团员	13900001251	010119@hue1.edu.cn	A0101	20134010119	雅1-102
20	马燕	女	河南省	共青团员	13900001252	010120@hue1.edu.cn	A0101	20134010120	雅1-102
21	杨鹏	男	北京市		13900001253	010121@hue1.edu.cn	A0101	20134010121	雅1-108
22	司徒春	女	北京市		13900001254	010122@hue1.edu.cn	A0101	20134010122	雅1-103
23	李丽敏	女	河南省	共青团员	13900001255	010123@hue1.edu.cn	A0101	20134010123	雅1-103

图 2-1 学生信息表

2.1.2 知识要点分析

1. 数据输入

Excel 支持多种数据类型，向单元格输入数据可以通过以下 3 种方法：

数据输入

- 单击要输入数据的单元格，使其成为"活动单元格"，然后直接输入数据。
- 双击要输入数据的单元格，单元格内出现光标，此时可定位光标直接输入数据或修改已有的数据信息。
- 单击选中单元格，然后移动鼠标至编辑栏，在编辑栏中添加或输入数据。数据输入后，用鼠标单击编辑栏上的 ✓ 按钮或按 Enter 键确认输入，单击 ✕ 或按 Esc 键取消输入。选中单元格后，单击 ƒₓ 按钮也可以用插入函数的方法为单元格输入内容。

（1）文本的输入。

单击需要输入文本的单元格直接输入即可，输入的文字会在单元格中自动以左对齐方式显示。

若需将纯数字作为文本输入，可以在其前面加上英文的单引号（'）。例如，在数字 450046 前加入单引号，则单元格的属性由数字类型自动转化为文本类型，单元格内容将从右对齐变为左对齐；也可以先输入一个等号，再在数字前后加上双引号，如 ="450046"。

（2）数值的输入。

数值是指能用来计算的数据。可向单元格中输入整数、小数、分数或科学计数法形式的数值。在 Excel 2016 中用来表示数值的字符有：0～9、+、−、（ ）、/、$、%、,、.、E、e。

在输入分数时应注意，要先输入 0 和空格。例如，输入 3/7，正确的输入方式是 "0 3/7"，按 Enter 键后可在编辑栏中看到其分数形式，否则 Excel 会将分数当成日期，在单元格中显示为 3 月 7 日。再如，要输入 "$5\frac{3}{7}$"，正确的输入方式为是 "5 3/7"，若不加空格，按 Enter 键后单元格中将显示 Jul-53，在编辑栏中可以看到 1953-7-1，即单元格内容被转换成了日期。

输入负数时可直接输入负号和数据，也可以不加负号而为数据加上小括号。

默认情况下，输入到单元格中的数值自动右对齐。

（3）日期和时间。

在工作表中可以输入各种形式的日期和时间格式的数据内容。单击"开始" |"数字" | "数字格式"右侧按钮，在下拉列表框中选择所需的类型，如图 2-2 所示。也可以在"设置单元格格式"对话框中对"日期"和"时间"格式进行设置，如图 2-3 所示。

图 2-2　"数字格式"下拉列表框

图 2-3　"设置单元格格式"对话框

输入日期时，其格式最好采用 YYYY-MM-DD 的形式，也可在年、月、日之间用"/"或"-"连接。例如，2016/5/12 或 2016-5-12。

时间数据由小时、分钟、秒组成。输入时，小时、分钟、秒之间用冒号分隔。如 8:23:46 表示 8 点 23 分 46 秒。Excel 中的时间通常是以 24 小时制表示的，若要以 12 小时制表示时间，需在时间后加一空格并输入 "AM" 或 "PM"（或 "A" 及 "P"），以分别表示上午或下午。

在单元格中如果需要同时输入日期和时间，应先输入日期，再输入时间，并且中间以空格隔开。例如，在单元格中显示 2016 年 6 月 18 日下午 3 点 28 分，则可用 2016-6-18 3:28 PM 或 2016-6-18 15:28 两种形式输入。

如果需要在单元格中输入当天的日期，可同时按住 Ctrl 键和分号键输入，如果需要输入当前的时间，可同时按住 Shift 键、Ctrl 键和分号键即可。

2. 数据验证

在 Excel 中，"数据验证"功能用于规定可以在单元格中输入的内容。例如，限定输入的数据类型为整数，规定其取值范围。使用 Excel 可以很容易地指定验证条件，也可以使用公式来指定更加复杂的验证条件。应用 Excel 的数据验证能够有效地减少和避免输入数据的错误。

数据验证

（1）指定数据类型。

指定单元格的数据类型规则时，先选中要制订规则的单元格，然后单击"数据"|"数据工具"|"数据验证"按钮，打开"数据验证"对话框，如图 2-4 所示。默认打开"设置"选项卡，在"允许"下拉列表框中选择单元格可接受的数据类型。例如，"允许"和"数据"设置为"整数"和"介于"，取值范围设置"最小值"为 0，"最大值"为 100。从而对工作表中选定的单元格应用该数据输入限制。

（2）设置输入信息。

在"数据验证"对话框的"输入信息"选项卡中，可以为单元格设置选中时的显示信息，如图 2-5 所示。可以使用这个选项来告诉用户允许的数据类型，用户选择单元格时将显示提醒信息。

若要清除单元格被选中时的显示信息，则在图 2-5 所示的"输入信息"选项卡中，单击"全部清除"按钮即可。

（3）设置出错警告。

当用户在单元格中输入不被允许的数据时，如果需要弹出警告，可以在"数据验证"对话框的"出错警告"选项卡中设置弹出的警告，如图 2-6 所示。

图 2-4 "数据验证"对话框　　图 2-5 "输入信息"选项卡　　图 2-6 "出错警告"选项卡

"出错警告"选项卡"样式"下拉列表框中有 3 种处理方式可供选择，具体内容如下：

① 选择"停止"样式，则当用户输入不被允许的数据时会弹出对话框，单击"重试"按钮可以重新输入数据。

② 选择"警告"样式，则当用户输入不被允许的数据时会弹出图 2-7 所示的警告标志及信息，

单击"是"按钮保持输入的数据，单击"否"按钮则可以重新输入数据。

③ 选择"信息"样式，则当用户输入不被允许的数据时只会提示用户输入了非法值，而不会阻止输入数据。

图 2-7　警告标志及信息对话框

3. 数据填充

在制作工作簿时需要输入一些相同或有规律的数据，如商品编码、学生学号等。手动输入这些数据不仅浪费时间，而且容易因视觉疲劳而输入错误。为此，Excel 专门提供了数据填充的功能，可以大大提高输入数据的准确性和工作效率。

数据填充

（1）自动填充。

在表格中输入数据时，有些数据输入项是由序列构成的，如编号、序号、星期等。在 Excel 2016 中，该类型的序列值不必一一手工输入，可以在某个区域快速建立序列，实现自动数据填充。即在 Excel 2016 中利用控制柄，可以自动填充相同数据或有规律的数据，以提高工作效率。

① 自动重复列中已输入的项目。

如果在单元格中输入的前几个字符与该列中之前的单元格内容相匹配，则 Excel 2016 会自动建议输入其余的字符。如果接受建议的输入内容，按 Enter 键；如果不采用自动提示的字符，则需输入其他内容。

② 使用填充命令填充相邻单元格。

例 2.1　实现单元格复制填充。

同时选中含有数据内容的当前单元格及其相邻单元格。相邻单元格可以是当前单元格的上方、下方、左侧或右侧的单元格。在"开始"|"编辑"组中，单击"填充"按钮，如图 2-8 所示。根据相邻单元格的位置选择"向上""向下""向左"或"向右"填充，可以实现当前单元格的数据内容向相邻单元格的复制填充。"填充"下拉列表如图 2-9 所示。

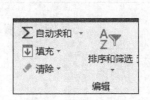

图 2-8　"填充"按钮

图 2-9　"填充"下拉列表

例 2.2　实现单元格序列填充。

选定要填充区域的第一个单元格并输入数据序列中的初始值；选定含有初始值的单元格区域；单击"开始"|"编辑"|"填充"按钮，选择"序列"命令，弹出"序列"对话框，如图 2-10 所示。

“序列产生在”：选择行或列，用来确认此次填充是按行还是按列的方向进行填充。

“类型”：选择序列填充的类型。若选择“日期”类型，则还需在“日期单位”选项组中选择所对应的单位。

“步长值”：用来设置序列增加或减少的数量，可以是正数或负数。

“终止值”：用来确定序列的最终值，从而确定该序列的数据范围。

③ 使用填充柄填充数据。

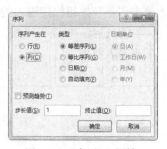

填充柄：位于选定区域右下角的小方块。将鼠标指向填充柄时，鼠标的指针更改为黑色十字形状。

图 2-10 “序列”对话框

使用填充柄对数字、文本和数字的组合、日期或时间段等连续序列填充，首先需要选定包含初始值的单元格，然后将鼠标移至单元格右下角的填充柄上并按下鼠标左键，在拟进行填充的区域方向拖动填充柄，最后松开鼠标左键后会出现“自动填充选项”按钮，单击右侧下拉按钮选择填充方式。如：复制单元格、填充序列、仅填充格式、不带格式填充和快速填充。

例 2.3 实现数据的复制填充。

打开销售清单表.xlsx，输入起始数据，如图 2-11 所示。在 D3 单元格中输入起始数据“台”，将鼠标指针放置在 D3 单元格右下角，此时鼠标指针变成黑色十字形状。按住鼠标左键向下拖动填充柄，序列将自动填充相同的数据，如图 2-12 所示。

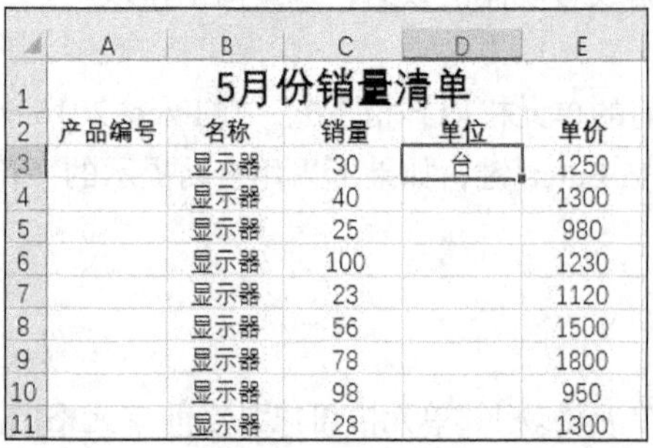

	A	B	C	D	E
1	5月份销量清单				
2	产品编号	名称	销量	单位	单价
3		显示器	30	台	1250
4		显示器	40		1300
5		显示器	25		980
6		显示器	100		1230
7		显示器	23		1120
8		显示器	56		1500
9		显示器	78		1800
10		显示器	98		950
11		显示器	28		1300

图 2-11 销售清单表

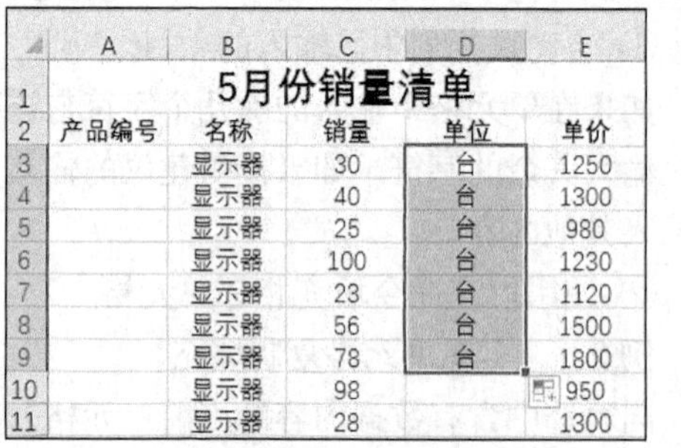

	A	B	C	D	E
1	5月份销量清单				
2	产品编号	名称	销量	单位	单价
3		显示器	30	台	1250
4		显示器	40	台	1300
5		显示器	25	台	980
6		显示器	100	台	1230
7		显示器	23	台	1120
8		显示器	56	台	1500
9		显示器	78	台	1800
10		显示器	98		950
11		显示器	28		1300

图 2-12 序列将自动填充

例 2.4 实现数值的连续序列填充。

对于有一定组合规律的数据，产品编号由字母和数字组成，数字依次递增，如图 2-13 所示。可先在 A3 单元格中输入“dy001”，然后从 A3 单元格开始向下进行填充至 A12 单元格。Excel 2016 将自动填充差值为 1 的等差序列编号，如图 2-14 所示。

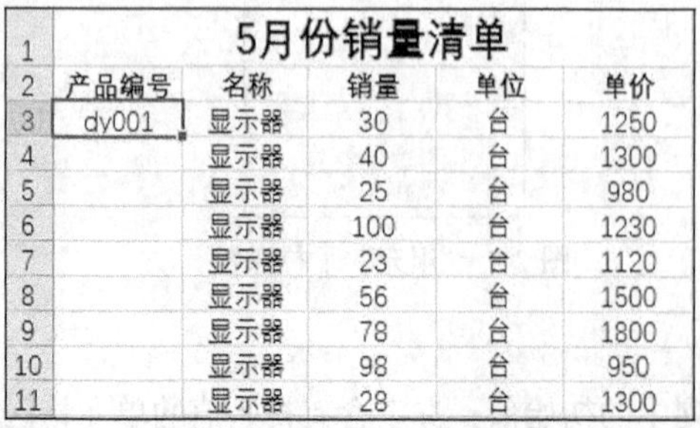

1	5月份销量清单				
2	产品编号	名称	销量	单位	单价
3	dy001	显示器	30	台	1250
4		显示器	40	台	1300
5		显示器	25	台	980
6		显示器	100	台	1230
7		显示器	23	台	1120
8		显示器	56	台	1500
9		显示器	78	台	1800
10		显示器	98	台	950
11		显示器	28	台	1300

图 2-13 输入产品编号

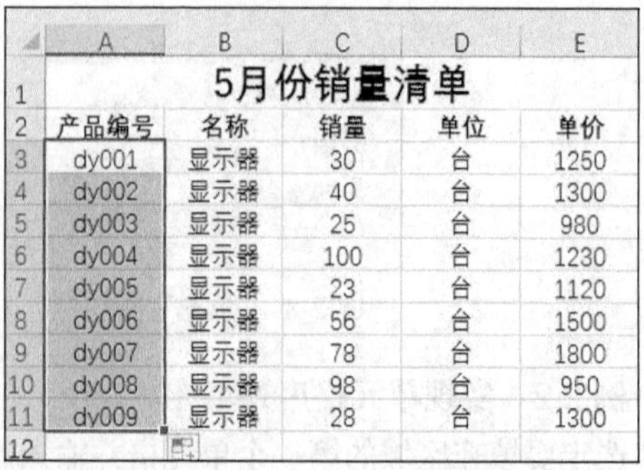

	A	B	C	D	E
1	5月份销量清单				
2	产品编号	名称	销量	单位	单价
3	dy001	显示器	30	台	1250
4	dy002	显示器	40	台	1300
5	dy003	显示器	25	台	980
6	dy004	显示器	100	台	1230
7	dy005	显示器	23	台	1120
8	dy006	显示器	56	台	1500
9	dy007	显示器	78	台	1800
10	dy008	显示器	98	台	950
11	dy009	显示器	28	台	1300
12					

图 2-14 “产品编号”填充

例 2.5　实现数值的规律序列填充。

对于填充序列是不连续的，比如数字序列的步长值不是 1，但满足等差数列规律，则需在选定填充区域的第一个和下一个单元格中分别输入数据序列中的前两个数值作为初始值，两个数值之间的差决定数据序列的步长值。同时选中这两个单元格，然后拖动填充柄直到完成填充操作。输入初始值和填充效果分别如图 2-15 和图 2-16 所示。

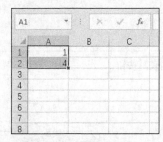

图 2-15　输入初始值

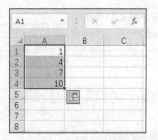

图 2-16　填充效果

对于满足其他规律的序列，还可以通过"序列"对话框来设置。单击"开始"|"填充"按钮，选择"序列"命令，弹出"序列"对话框，在"序列产生在"选项组中设置序列产生的位置；在"类型"选项组中设置序列的特性；在"步长值"文本框中输入序列的步长；在"终止值"文本框中设置序列的最后一个数据，如图 2-17 所示。

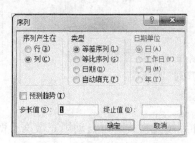

图 2-17　"序列"对话框

（2）自定义序列填充。

Excel 2016 可以将一些经常使用的序列添加到"自定义序列"中，待要输入这些序列时，输入自定义序列的起始数据，通过拖曳填充柄即可填充自定义序列。

添加自定义序列，选择"文件"|"选项"命令，如图 2-18 所示。弹出"Excel 选项"对话框，切换至"高级"选项卡下，单击"编辑自定义列表"按钮，如图 2-19 所示。弹出"自定义序列"对话框，如图 2-20 所示，在"输入序列"文本框中输入要添加的序列，输入完毕后单击"添加"按钮，即可添加自定义序列，如图 2-21 所示。

图 2-18　"选项"命令

图 2-19 "编辑自定义列表"按钮

图 2-20 "自定义序列"对话框

图 2-21 添加的自定义序列

（3）快速填充。

Excel 2016 快速填充在感知到填充模式时可自动填充数据。例如，可以使用快速填充，将单列中的名字和姓氏分开或将名字列和姓氏列进行合并。

例 2.6 快速填充姓名。

假设 A 列包含名字，B 列包含姓氏，想要将名字列和姓氏列合并，填充至 C 列。如果通过在 C 列中输入全名建立模式，Excel 的"快速填充"功能将根据提供的模式填充其余内容。

操作步骤如下：

（1）在 C2 单元格中输入全名，然后按 Enter 键。

（2）在 C3 单元格中输入下一个全名。Excel 将感知填充的模式，然后将显示填入合并后文本的该列其他内容的预览，如图 2-22 所示。

（3）若要接受预览，按 Enter 键即可。

图 2-22 快速填充姓名

例 2.7　有一批图 2-23 所示的数据，现在要求将"设备品名"列中的中文信息提取出来，放入对应行的"设备名"列中。

	A	B	C	D
1	设备品名	设备名	采购数量	标识
2	Canon打印机		6	
3	TP-Link路由器		2	
4	Dell笔记本电脑		15	
5	Seagate硬盘		20	
6	TP-Link交换机		5	
7	Epson高清投影机		5	
8	Lenovo台式机		10	

图 2-23　原始表格

类似例 2.6，我们可以用 Excel 2016 中新增加的快速填充功能来实现。

在 B2 单元格中输入要提取的中文名字，按 Enter 键后，再在 B3 单元格中输入要提取的第一个汉字"路"，这时系统就会弹出图 2-24 所示的提示信息，直接按 Enter 键，即可在相应的单元格中提取到所要的中文信息。其结果如图 2-25 所示。

	A	B	C	D
1	设备品名	设备名	采购数量	标识
2	Canon打印机	打印机	6	
3	TP-Link路由器	路由器	2	
4	Dell笔记本电脑	笔记本电脑	15	
5	Seagate硬盘	硬盘	20	
6	TP-Link交换机	交换机	5	
7	Epson高清投影机	高清投影机	5	
8	Lenovo台式机	台式机	10	

图 2-24　提示信息

	A	B	C	D
1	设备品名	设备名	采购数量	标识
2	Canon打印机	打印机	6	
3	TP-Link路由器	路由器	2	
4	Dell笔记本电脑	笔记本电脑	15	
5	Seagate硬盘	硬盘	20	
6	TP-Link交换机	交换机	5	
7	Epson高清投影机	高清投影机	5	
8	Lenovo台式机	台式机	10	

图 2-25　结果表格

如果"快速填充"未生成预览，则可能未启用。需启用此功能后再使用它。

（1）选择"文件"|"选项"命令，在"Excel 选项"对话框中单击"高级"选项卡。

（2）在"高级"选项卡中确认已选中"自动快速填充"复选框，如图 2-26 所示。

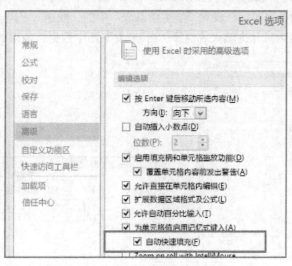

图 2-26　设置"自动快速填充"功能

（3）单击"确定"按钮并关闭当前 Excel，当重新打开 Excel 后自动填充功能将启动。

如果已启用快速填充功能，但仍然不工作，则可以手动启动它。通过单击"数据"|"数据工具"|"快速填充"按钮（如图 2-27 所示）或单击"开始"|"填充"按钮，选择"快速填充"命令进行手动启动，也可以在键盘上按 Ctrl+E 组合键实现该操作。

图 2-27　"快速填充"手动启动

2.1.3　操作步骤

1．制作表头

输入表头信息，调整表头格式，效果如图 2-28 所示。

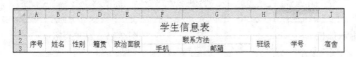

图 2-28　学生信息表效果

制作学生信息表

2．设置字段格式

（1）通过填充可以快速建立"学生信息表"中的"序号"字段。

（2）通过"数据验证"对话框设置"学生信息表"中的"性别"字段，如图 2-29 所示。设置数据格式后，性别字段内只允许填入或选择"男""女"两个数据，效果如图 2-30 所示。

图 2-29　"数据验证"对话框

图 2-30　"性别"显示值

（3）由于省、自治区、直辖市名称数量有限，表中的"籍贯"字段同样也可以通过"数据验证"对话框进行设置。在输入"籍贯"字段值时就可以通过下拉列表进行选择，效果如图 2-31 所示。

图 2-31 "籍贯"字段值

（4）"学生信息表"中的"手机""班级"和"学号"等字段的数据输入长度都通过"数据验证"对话框进行设置。全部设置完成后，就可以逐条输入记录了。

2.2 设置学生信息表中的多级菜单

2.2.1 案例说明

在 2.1.3 节的"学生信息表"中再添加两个字段：学院和专业，如图 2-32 所示。

图 2-32 学生信息表（续）的表头

2.2.2 知识要点分析

1. 单元格区域命名

单元格区域命名就是给一个单元格区域起一个"名字"。使用单元格区域命名有很多便利性。如：使公式含义更容易理解，提高公式编辑的准确性、快速定位到特定位置、名称可以作为变量来使用，可以方便地应用于所有的工作表，也可以方便地使用另一个工作簿中的定义名称，或者定义一个引用了其他工作簿中单元格的名称，使用区域名称比单元格地址更容易创建和保持宏。

单元格区域命名

2. 名称的命名规则

（1）不能使用单元格地址。

（2）名称中的字符可以是字母、数字和汉字，不能含有空格，可以使用句点。

（3）名称的长度不能超过 255 个字符。

（4）名称中的字母不区分大小写。

（5）命名时，不允许使用 Excel 的内部名称。

如果要对一个单元格区域命名，可以单击"公式"|"定义的名称"|"名称管理器"按钮，打

开"名称管理器"对话框，如图 2-33 和图 2-34 所示。单击"新建"按钮，在弹出的"编辑名称"对话框中分别设置"名称""范围"和"引用位置"，如图 2-35 所示。单击"确定"按钮后即可完成单元格区域的命名。

图 2-33 "名称管理器"按钮

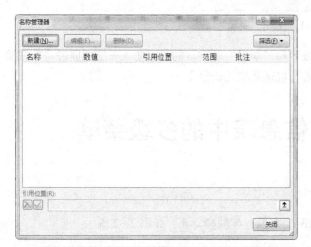

图 2-34 "名称管理器"对话框

图 2-35 "编辑名称"对话框

也可以通过"名称"文本框快速定义"名称"。首先选择"名称"要引用的区域，如图 2-36 所示，然后在"地址栏"中输入要定义的"名称"即可。

Excel 还提供了对带有行列标题的多个单元格区域定义名称的方法。例如，选中需要定义名称的多个单元格区域，单击"公式"|"定义的名称"|"根据所选内容创建"按钮，打开"根据所选定内容创建名称"对话框，如图 2-37 所示。

如果需要"编辑""删除"已经定义的名称，可以在"名称管理器"对话框中进行设置。

图 2-36 名称框"定义"名称

图 2-37 "根据所选内容创建名称"对话框

3. 名称的使用

可以通过直接输入的方式在公式中使用定义的名称，也可以通过单击"公式"|"定义的名称"|"用于公式"按钮打开对话框，还可以通过按键盘上的 F3 键打开"粘贴名称"对话框来使用定义

的名称。

4. 多级菜单的下拉式输入

通过前面的学习，我们已经知道，有些字段可以通过"数据验证"加以限定，以保证输入信息的一致性和正确性。但是有些字段是有关联的。例如，在统计籍贯时我们要求按照"省（自治区、直辖市）、县（自治县、不设区的市）、乡（民族乡、镇）"三级填写。其中的 31 个"省级"行政区域的名称，我们可以事先输入完成，然后通过"数据验证"加以引用。而"县（自治县、不设区的市）"和"乡（民族乡、镇）"就不能简单地用类似"省级"的处理方法了。因为不同"省级"行政区域下所包含的"县（自治县、不设区的市）"和"乡（民族乡、镇）"的名称都是不同的。对于这种情况，我们可以将其设置成多级菜单，同样可以通过下拉的方式输入不同"省级"行政区域下所包含的不同的"县（自治县、不设区的市）"和"乡（民族乡、镇）"的名称。

下面介绍多级菜单的下拉式输入的设置。

根据现有销售产品的类别、名称和型号，合理设计数据源可实现多级关系的下拉式录入。设计的"销售产品的详细分类表"如图 2-38 所示，因为类别名称和类别型号列的输入和前一列对应的数据有关，要实现类别名称，类别型号下拉菜单的选择录入，需对数据区域进行合理的定义及引用。

	A	B	C	D	E	F	G	H	I
1	销售类别	类别名称	类别型号						
2	电器	冰箱	海尔	新飞	LG	荣声			
3		洗衣机	小天鹅	海尔	松下	西门子	威力	小鸭	
4		空调	格力	海尔	美的	奥克斯	TCL		
5		微波炉	格兰仕	美的	三洋	松下			
6	文具	铅笔	素描	美术	绘画	儿童			
7		毛笔	硬豪	软豪	兼豪				
8		尺子	直尺	三角尺	软尺				
9	洗护	牙膏	黑人	云南白药	高露洁	舒客			
10		牙刷	佳洁士	狮王	黑人	飞利浦	舒适达	舒客	皓乐齿
11		洗发液	飘柔	沙宣	欧莱雅	霸王			
12	水果	苹果	红富士	花牛	国光	嘎啦果	红蛇果		
13		香蕉	米蕉	芝麻蕉	北蕉	仙人蕉			
14		西瓜	黄心	红心					
15	生鲜	鱼	鲫鱼	鲤鱼	草鱼	青鱼			
16		青菜	菠菜	茼蒿	上海青	白菜	韭菜		
17		豆制品	凝滞豆腐	老豆腐	软豆腐	油炸豆腐			
18									

图 2-38　销售产品的详细分类表

定义名称区域：分别选择不同的区域进行命名。

例如，定义名称"电器"，其引用的区域为：B2:B5。"新建名称"对话框的设置如图 2-39 所示。"文具""洗护""水果""生鲜"的名称定义可用类似的方法完成。

图 2-39　设置"电器"引用位置

在"销售产品的详细分类表"中选择 B2:I17 单元格区域，单击"开始"|"编辑"|"选择与

查找"按钮，选择"定位条件"命令，在弹出的对话框中选择"常量"复选框，实现选择数据区域，如图 2-40 所示。

	A	B	C	D	E	F	G	H	I	J
1	销售类别	类别名称	类别型号							
2	电器	冰箱	海尔	新飞	LG	荣声				
3		洗衣机	小天鹅	海尔	松下	西门子	威力	小鸭		
4		空调	格力	海尔	美的	奥克斯	TCL			
5		微波炉	格兰仕	美的	三洋	松下				
6	文具	铅笔	素描	美术	绘画	儿童				
7		毛笔	硬毫	软毫	兼毫					
8		尺子	直尺	三角尺	软尺					
9	洗护	牙膏	黑人	云南白药	高露洁	舒客				
10		牙刷	佳洁士	狮王	黑人	飞利浦	舒适达	舒客	皓乐齿	
11		洗发液	飘柔	沙宣	欧莱雅	霸王				
12	水果	苹果	红富士	花牛	国光	嘎啦果	红蛇果			
13		香蕉	米蕉	芝麻蕉	北蕉	仙人蕉				
14		西瓜	黄心	红心						
15	生鲜	鱼	鲫鱼	鲤鱼	草鱼	青鱼				
16		青菜	菠菜	茼蒿	上海青	白菜	韭菜			
17		豆制品	凝滞豆腐	老豆腐	软豆腐	油炸豆腐				
18										

图 2-40　选择数据区域

单击"公式"|"定义的名称"|"根据所选内容创建"按钮，在弹出的"根据所选内容创建名称"对话框中选择"最左列"复选框，如图 2-41 所示。该操作相当于完成将每行最左边的单元格名称认定为后边所选数据区域的名称。打开"名称管理器"对话框，对话框中显示的内容如图 2-42 所示。

图 2-41　"根据所选内容创建"对话框　　　　图 2-42　"名称管理器"对话框

在之前建立好的销售产品表中选择 C2:C16 区域，如图 2-43 所示。单击"数据"|"数据工具"|"数据验证"按钮，在打开的"数据验证"对话框的"允许"下拉列表框中选择"序列"选项，在"来源"列表框输入"=indirect(B2)"，如图 2-44 所示，即可实现类别名称的选择录入。随着 B 列

所选内容的不同，C 列可选项也会随之变化，如图 2-45 所示。

图 2-43　选择 C 列数据区域

图 2-44　设置 C 列数据来源

图 2-45　类别名称录入

选择 D2:D16 单元格区域，如图 2-46 所示。单击"数据"｜"数据工具"｜"数据验证"按钮，在打开的"数据验证"对话框的"允许"下拉列表框中选择"序列"选项，在"来源"文本框中输入"=indirect(C2)"，如图 2-47 所示，即可实现类别型号的选择录入，D 列显示的可选项内容会随着 C 列的改变而改变，如图 2-48 所示。

图 2-46　选择 D 列数据区域

图 2-47　设置 D 列数据来源

图 2-48　实现类别选择录入

我们通过单元格区域命名，并使用 indirect() 函数实现了三级菜单的下拉式录入。

可以发现，设置二级下拉菜单和三级下拉菜单的方法基本过程一致，只不过多级下拉菜单需要多增加一步添加名称管理器和数据验证操作，依此类推，5、6、7、8…N 级下拉菜单都不是问题，结合 indirect() 函数合理利用好数据验证与名称管理器功能即可。

2.2.3　操作步骤

1. 完善表格

在原表格的最后插入两列，输入相应的字段名称，并调整字段格式，如图 2-32 所示。

2. 完善字段设置

（1）命名相关的单元格区域。

假定我们在"学院及专业"工作表中已经输入所有学院名称和其所开设的专业名称，如图 2-49 所示。

选中第 A 列，单击"公式"｜"定义的名称"｜"根据所选内容创建"按钮，打开"根据所选内容创建名称"对话框，在对话框中选中"首行"复选框，单击"确定"按钮，如图 2-37 所示。

选中第 2 行～第 19 行，按 Ctrl+G 组合键打开"定位"对话框，单击"定位条件"按钮，在打开的"定位条件"对话框中选择"常量"复选框。然后单击"公式"｜"定义的名称"｜"根据所选内容创建”按钮，打开“根据所选内容创建名称”对话框，在对话框中选中“最左列”复选框，单击“确定”按钮，如图 2-41 所示。

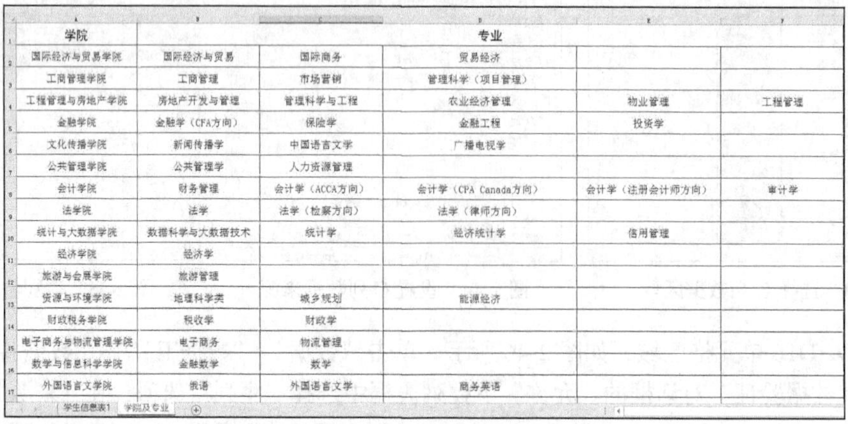

学院	专业				
国际经济与贸易学院	国际经济与贸易	国际商务	贸易经济		
工商管理学院	工商管理	市场营销	管理科学（项目管理）		
工程管理与房地产学院	房地产开发与管理	管理科学与工程	农业经济管理	物业管理	工程管理
金融学院	金融学（CFA方向）	保险学	金融工程	投资学	
文化传播学院	新闻传播学	中国语言文学	广播电视学		
公共管理学院	公共管理学	人力资源管理			
会计学院	财务管理	会计学（ACCA方向）	会计学（CPA Canada方向）	会计学（注册会计师方向）	审计学
法学院	法学	法学（检察方向）	法学（律师方向）		
统计与大数据学院	数据科学与大数据技术	统计学	经济统计学	信用管理	
经济学院	经济学				
旅游与会展学院	旅游管理				
资源与环境学院	地理科学类	城乡规划	能源经济		
财政税务学院	税收学	财政学			
电子商务与物流管理学院	电子商务	物流管理			
数学与信息科学学院	金融数学	数学			
外国语言文学院	俄语	外国语言文学	商务英语		

学生信息表1 | 学院及专业

图 2-49　实现类别选择录入

（2）相关单元格区域的引用设置。

在“学生信息表 1”工作表中，选中“学院”列字段，单击“数据”|“数据工具”|“数据验证”按钮，在“数据验证”对话框的“允许”下拉列表框中选择“序列”选项，在“来源”文本框中输入“学院”，即完成“学院”列字段的下拉选择输入。选择 K4 单元格，试着通过单击下拉按钮打开下拉列表选择一个数据，例如，选择“国际经济与贸易学院”。

再选择“学生信息表 1”工作表中的“专业”列字段，单击“数据”|“数据工具”|“数据验证”按钮，在“数据验证”对话框的“允许”下拉列表框中选择“序列”选项，在“来源”文本框中输入“= indirect(K4)”。（注意，其中的“K4”一定要相对引用，有关相对引用的详细介绍，请参考 3.1.2 节。）如果在该操作之前，“学院”列字段没有选择输入，那么系统会弹出警告框，单击“确定”按钮跳过即可。

设置完成以后，我们既可以在“学院”字段通过下拉列表选择输入，也可以在“专业”字段通过下拉列表选择输入，并且“专业”字段的下拉选项一定是随着不同的“学院”而不同的。

习　题

一、单项选择题

1. 以下填充方式不属于 Excel 的填充方式为（　　）。

（A）等差填充　（B）等比填充　（C）排序填充　（D）日期填充

2. 在单元中输入公式时，编辑栏上的“√”按钮表示（　　）操作。

（A）取消　（B）确认　（C）函数向导　（D）拼写检查

3. 下列不是 Excel 中常用的数据格式的为（　　）。

（A）公式　（B）科学计数法　（C）文字　（D）分数

4. 在工作表中，要在某单元格中输入电话号码“022-27023456”，则应首先输入（　　）。

（A）=　（B）:　（C）!　（D）'

二、简答题

1. 如何在 Excel 单元格 A1 至 A10 中，快速输入等差数列 3、7、11、15…，试写出操作步骤。

2. 在 Excel 2016 中，输入数据的方式有几种？

3. 在 Excel 2016 中，数据填充有哪几种操作？

4. 什么是数据验证？

5. 序列来源有几种引用方式？

三、操作题

创建一个工作簿文件，其中至少包含一个"籍贯"字段，如图 2-50 所示。要求，籍贯字段要填写到"省""县""乡"三级。请用"数据验证"的方法将籍贯中"省""县""乡"的相关信息的输入设置为三级的菜单下拉式输入。

籍贯		
省	县	乡

图 2-50 "籍贯"字段

第3章
公式与函数应用

Excel 2016 中的公式会使得 Excel 的处理能力变得非常强大。使用公式与函数可以对数据进行快速的计算，得到结果。当数据发生改变时，无须执行额外的操作，公式就可以获得数据更新后的结果。

通常可以直接在单元格中输入公式，也可以通过复制快捷填充公式，当公式输入错误时，还可以对公式进行修改。

3.1　制作九九乘法表

3.1.1　案例说明

制"九九乘法表"，如果 3-1 所示。

	A	B	C	D	E	F	G	H	I	J
1		1	2	3	4	5	6	7	8	9
2	1	1×1=1	1×2=2	1×3=3	1×4=4	1×5=5	1×6=6	1×7=7	1×8=8	1×9=9
3	2	2×1=2	2×2=4	2×3=6	2×4=8	2×5=10	2×6=12	2×7=14	2×8=16	2×9=18
4	3	3×1=3	3×2=6	3×3=9	3×4=12	3×5=15	3×6=18	3×7=21	3×8=24	3×9=27
5	4	4×1=4	4×2=8	4×3=12	4×4=16	4×5=20	4×6=24	4×7=28	4×8=32	4×9=36
6	5	5×1=5	5×2=10	5×3=15	5×4=20	5×5=25	5×6=30	5×7=35	5×8=40	5×9=45
7	6	6×1=6	6×2=12	6×3=18	6×4=24	6×5=30	6×6=36	6×7=42	6×8=48	6×9=63
8	7	7×1=7	7×2=14	7×3=21	7×4=28	7×5=35	7×6=42	7×7=49	7×8=56	7×9=63
9	8	8×1=8	8×2=16	8×3=24	8×4=32	8×5=40	8×6=48	8×7=56	8×8=64	8×9=72
10	9	9×1=9	9×2=18	9×3=27	9×4=36	9×5=45	9×6=54	9×7=63	9×8=72	9×9=81

图 3-1　九九乘法表

3.1.2　知识要点分析

1. 数据运算

Excel 中的公式由等号（＝）、操作符、运算符组成。公式以等号（＝）开始，用于表明之后的字符为公式。等号后为需要进行计算的元素（操作数），各操作数之间以算术运算符分隔。

例如，公式 "=IF(B1>=60,"达标",SUM(C1:C6)/D1)"。

其中：=是特定的符号，用于引入公式；60 是数值型常量；"达标"是字符型常量；B1、D1 是单元格引用；C1:C6 是单元格区域引用；IF、SUM 是系统函数；>=是比较运算符；/是算术运

公式及运算符

算符。

Excel 包含四种类型的运算符：算术运算符、比较运算符、文本运算符和引用运算符。

（1）算术运算符

算术运算符用来完成基本的数学运算。算术运算符及举例如表 3-1 所示。

表 3-1　　算术运算符及举例

运算符	意义	举例	运算结果
+	加法运算	2+5	7
−	减法运算 取负数	2−7 −2	−5 −2
*	乘法运算	2.1*1.5	3.15
/	除法运算	13/5	2.6
%	百分比运算	13%	0.13
^	幂运算	2^3 3^0.5	8 1.7320508

例 3.1　计算图 3-2 所示的工作表中李响的总分。

操作步骤如下：

（1）单击 F2 单元格，输入“总分”后按 Enter 键。

（2）单击 F6 单元格，在编辑框中输入公式“=C6+D6+E6”。

（3）单击“输入”按钮或按 Enter 键，显示结果如图 3-2 所示。

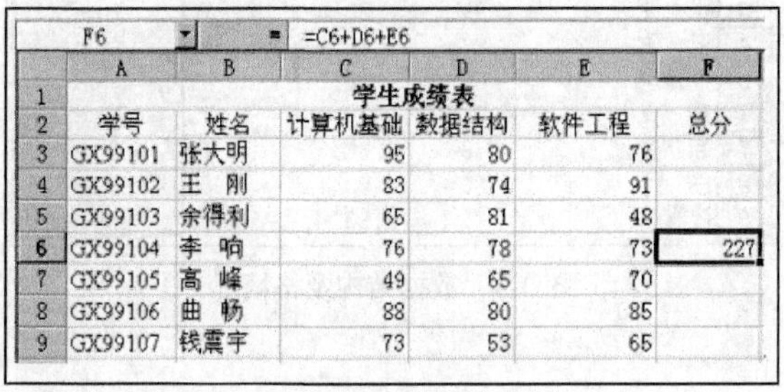

F6 = =C6+D6+E6

	A	B	C	D	E	F
1	学生成绩表					
2	学号	姓名	计算机基础	数据结构	软件工程	总分
3	GX99101	张大明	95	80	76	
4	GX99102	王　刚	83	74	91	
5	GX99103	余得利	65	81	48	
6	GX99104	李　响	76	78	73	227
7	GX99105	高　峰	49	65	70	
8	GX99106	曲　畅	88	80	85	
9	GX99107	钱震宇	73	53	65	

图 3-2　公式显示结果

（2）比较运算符

比较运算符（又称为关系运算符）用来对两个值进行比较，比较的结果是一个逻辑值。如果关系成立，结果为 True，否则结果为 False。其中，True 表示逻辑“真”，False 表示逻辑“假”。表 3-2 中列出了比较运算符及运算举例。

表 3-2　　比较运算符及运算举例

运算符	意义	举例	运算结果
<	小于	2<5 "ab"<"abc"	True True
>	大于	2>5 "123">"99"	False False

续表

运算符	意义	举例	运算结果
<=	小于等于	2<=（5+3）/2 "a"<="a"&"b"	True True
>=	大于等于	5-3>=2 "abc">="abcd"	True False
=	等于	2=(4/2) "abc"="abc"	True True
< >	不等于	2< >3^0.5 "abc"< >"ABC"	True True

需要特别注意："小于等于""大于等于"以及"不等于"三种运算符的写法。

例 3.2 显示图 3-3 所示工作表中数据结构课程及格情况。

操作步骤如下：

（1）单击 F2 单元格，输入"数据结构及格"。

（2）单击 F3 单元格，在编辑框中输入公式"=D3>=60"。

（3）单击"输入"按钮或按 Enter 键，F3 单元格显示为"True"。

（4）拖动填充柄从 F3 到 F9 单元格，显示结果如图 3-3 所示。其中钱震宇的数据结构成绩为 53，故 F9 单元格显示为 False。

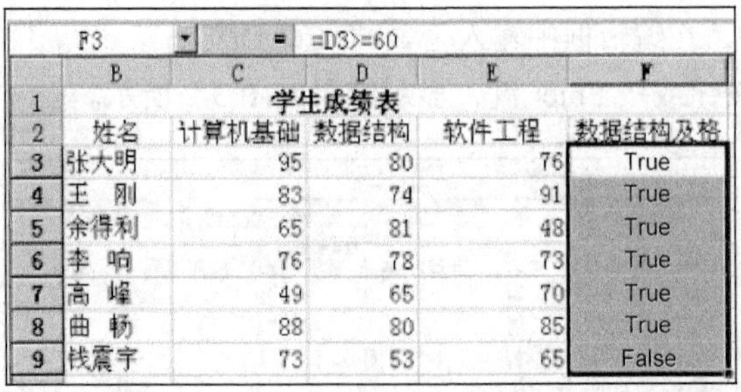

F3 = =D3>=60

	B	C	D	E	F
1			学生成绩表		
2	姓名	计算机基础	数据结构	软件工程	数据结构及格
3	张大明	95	80	76	True
4	王 刚	83	74	91	True
5	余得利	65	81	48	True
6	李 响	76	78	73	True
7	高 峰	49	65	70	True
8	曲 畅	88	80	85	True
9	钱震宇	73	53	65	False

图 3-3 数据结构及格情况

（3）字符串运算符

字符串的运算只有连接运算。其运算符是"&"。它表示把两个字符串首尾连接成一个字符串。例如："学习" & "Excel"，其运算结果为"学习 Excel"。

（4）引用运算符

引用运算符用于表明工作表中的单元格或单元格区域，如表 3-3 所示。

表 3-3 引用运算符

运算符	意义	举例
：	区域运算符，对两个引用之间，包含两个引用在内的所有单元格进行引用	A1:D18
，	将多个引用合并为一个引用	A1,C3,D5

2. 单元格地址引用

单元格地址引用的作用在于标识工作表中的单元格或单元格区域，并通过单元格地址引用来标识公式中所使用的数据地址，这样在创建公式时就可以直接通过单元格地址引用的方法来快速创建公式并完成计算，提高计算数据的效率。

单元格地址引用

在公式中可以引用本工作簿或其他工作簿中任何单元格区域的数据。根据引用后公式的运算值随着被引用单元格的变化情况进行分类，单元格的引用可分为相对引用和绝对引用。

（1）相对引用。

相对引用是指单元格的公式中直接使用了其他单元格的地址。

当单元格的值被移动时，相对引用的地址不改变；当单元格的值被复制时，相对引用的地址将随之改变。例如，B2 单元格包含公式 "=A1"。Excel 将在 A1 单元格中查找数值，如图 3-4 所示。

在复制包含相对引用的公式时，Excel 将自动调整复制公式中的引用，从而引用相对于当前公式位置的其他单元格。例如，B2 单元格中含有公式 "=A1"，拖动 B2 单元格的填充柄将其复制到 B3 单元格时，其中的公式已变为 "=A2"，如图 3-5 所示。

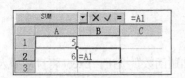

图 3-4　单元格使用地址　　　　　　图 3-5　复制单元格地址

（2）绝对引用。

绝对引用是指单元格公式中引用其他单元格地址的行或列前面添加了 "$" 符号。绝对引用无论是被移动还是被复制时，其引用的地址都不改变。

例如，编辑公式，将 A1 单元格的数值与 A2 单元格的数值乘积保存至 A4 单元格中，即 A4=A1*A2，如果不采用绝对引用，将公式复制到另一单元格中后，Excel 将调整公式中的两个引用。如果在引用的 "行号" 和 "列号" 前加上符号 "$"，这样就是单元格的绝对引用，即 A4 单元格中输入公式 "=$A$1*$A$2"，则复制单元格 A4 中的公式到工作表中任何一个单元格，显示的值都不会改变。

例 3.3　如图 3-6 所示，C1 单元格中的公式为 "=$A$1+$B$1"。现在将 C1 单元格的值复制到 D4 单元格，计算 D4 单元格的值。

由于计算公式中单元格的地址使用了绝对引用，即复制该公式到任意其他单元格，都将计算 A1 和 B1 单元格数据之和。因此，D4 单元格中的值显示仍为 34，如图 3-7 所示。同理，将公式复制到 D3 单元格时，计算结果仍为 34，如图 3-8 所示。

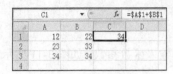

图 3-6　输入公式　　　　图 3-7　计算结果　　　　图 3-8　复制单元格

（3）相对引用与绝对引用之间的切换。

如果创建了一个公式并希望将相对引用更改为绝对引用（反之亦然），操作步骤如下：

① 选定包含公式的单元格。

② 在编辑栏中选择要切换的引用，并按 F4 键。

③ 每按一次 F4 键，Excel 会在以下组合间顺序切换，如图 3-9 所示。

= $A$1*$A$2	= A$1*$A$2	= $A1*$A$2	= A1*$A$2
按一次F4键	按二次F4键	按三次F4键	按四次F4键

图 3-9　相对引用与绝对引用之间的切换

（4）混合引用。

混合引用是指在一个单元格地址中，同时存在绝对引用和相对引用。即绝对列和相对行或者相对列和绝对行，如$A1 或 A$1。当含有公式的单元格因复制等原因引起行、列引用的变化时，公式中相对引用部分会随着位置的变化而变化，而绝对引用部分不随位置的变化而变化。

3. 输入公式

通过几个简单的步骤介绍如何输入公式。

（1）选中需要输入公式的单元格。

（2）在编辑栏中输入等号 "="。

（3）输入公式内容。

（4）按 Enter 键确认公式。

如果在第二步选择了单击"编辑公式"按钮或"粘贴函数"按钮，Excel 将自动插入一个等号。

也可以选择输入包含函数的方法输入公式。

（1）选择需要输入公式的单元格。

（2）在编辑栏中单击"插入函数"按钮。

（3）在"插入函数"对话框中单击"选择类别"下拉列表框右侧的下拉按钮，选择所需函数的类别，如图 3-10 所示。

图 3-10　选择所需函数的类别

（4）根据所选类别中各个函数的功能描述，选择所需的函数，输入函数参数，如图 3-11 所示。

（5）单击"确定"按钮，完成操作。

下面介绍如何编辑公式。操作步骤如下：

（1）选中所需编辑公式的单元格。

（2）在编辑栏中即可对公式进行编辑修改。

（3）如果需要编辑公式中的函数，将鼠标光标移至函数名中间，单击编辑栏的"插入函数"按钮。

（4）如果要修改函数中的参数，应选择该函数括号内的参数。

（5）输入新的参数或新的函数名及其参数。

（6）按 Enter 键确认。

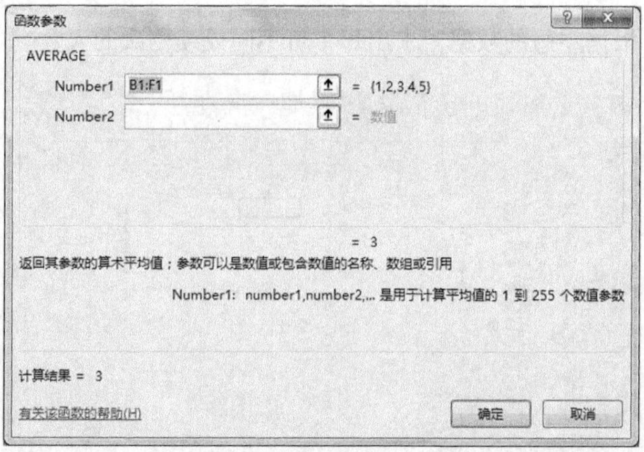

图 3-11　"函数参数"对话框

4. 数组公式

（1）数组公式的概念。

数组指一组可以集中或者单独处理的项。在 Excel 中，数组可以是一维或者二维数组。维度与行和列相对应。例如，一维数组可以存储在由一行或者一列组成的区域中。二维数组可以存储在矩形的单元格区域中。Excel 不支持三维数组。

数组公式对一组或多组值执行多重计算，并返回一个或多个结果。也可以这样简单理解，引用了数组（可以是一个或多个数值，或是一组或多组数值）并在编辑栏可以看到以"{}"括起来的公式就是数组公式。

数组公式的作用就是对一组（单个数值可以看成是一组）、多组数据进行处理，然后得到想要的结果。

（2）如何输入数组公式。

在编辑栏输入完整的公式，并使编辑栏仍处在编辑状态。

按 Ctrl+Shift+Enter 组合键，经过以上两步操作后，编辑栏会自动脱离编辑状态，并且选中单元格后在编辑栏可以看到公式的两端有"{ }"符号标记，双击可以进入公式的编辑状态。直接在编辑栏输入"{}"编辑公式是不可以的。在 Excel 中要输入数组公式，必须以特定的方法来输入。

图 3-12 给出了每个商场在不同的月份销售的产品数量，产品单价为 12.8，问此三个月份的销售总额："{=SUM(B3:E5*G2)}"，此公式便是一个典型的数组公式的应用，此公式的作用就是计算 B3*G2、B4*G2、B5*G2、C3*G2、C4*G2、C5*G2、D3*G2、D4*G2、D5*G2、E3*G2、E4*G2 以及 E5*G2 的和。而 B3:E5 便是一个数组，结果如图 3-13 所示。

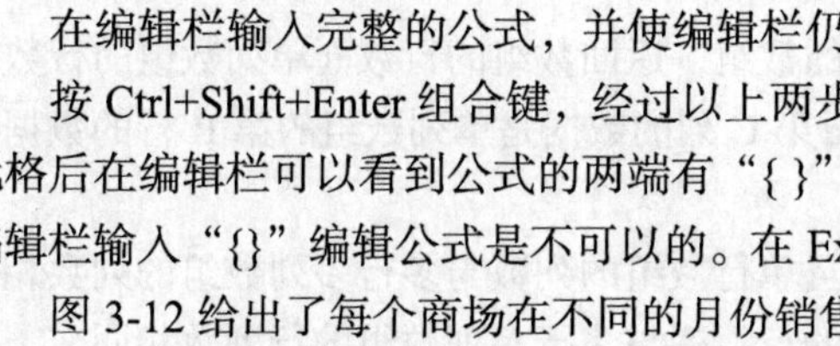

图 3-12　每个商场不同月份销售数量 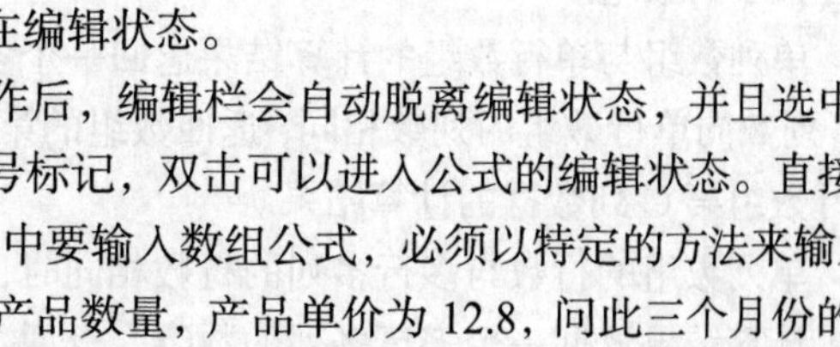　　　　图 3-13　计算三个月份的销售总额

（3）数组公式应用进阶。

数组公式最典型的应用是使用 SUM()函数替代 SUMIF()函数，虽然 SUMIF()函数很好用，但在 Office 2007 之前，也就是 SUMIFS()函数出现之前，利用 SUMIF()函数进行一次多重条件判断的求和计算是很难实现的。

如图 3-14 所示，根据左边的数据，求出每个班不同成绩档次的人数。

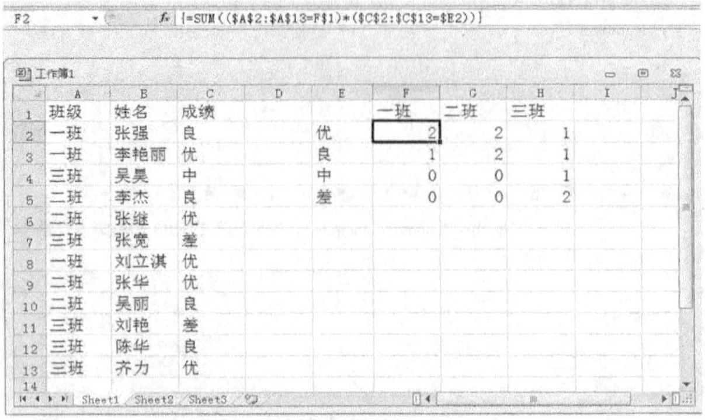

	A	B	C	D	E	F	G	H
1	班级	姓名	成绩			一班	二班	三班
2	一班	张强	良		优	2	2	1
3	一班	李艳丽	优		良	1	2	1
4	三班	吴昊	中		中	0	0	1
5	二班	李杰	良		差	0	0	2
6	二班	张继	优					
7	三班	张宽	差					
8	一班	刘立淇	优					
9	二班	张华	优					
10	二班	吴丽	良					
11	三班	刘艳	差					
12	三班	陈华	良					
13	三班	齐力	优					
14								

图 3-14　学生成绩表

根据要求编辑的数据公式为：{=SUM(($A$2:$A$13=F$1)*($C$2:$C$13=$E2))}。

其中，$A$2:$A$13=F$1 就是判断是否为“一班”的人，若是取“1”，否则取“0”得出数组计算结果为 1、1、0、0、0、0、1、0、0、0、0、0。而$C$2:$C$13=$E2 则用来判断成绩是否为“优”，若“是”取“1”，否则取“0”，得到数组计算结果为：0、1、0、0、1、0、1、1、0、0、0、1，然后数组相乘，再把得到的结果相加即可。

数组公式效率高，但真正理解和熟练掌握也不是一件很容易的事。需要大家特别注意的是：数组中的数据是一一对应的，放到数组公式中使用时，数组中的数据会按顺序依次参与相应的运算。

（4）数组运算的规律

两个同行同列的数组计算是对应元素间进行运算，并返回同样大小的数组。

一个数组与一个单一的数据进行运算，是将数组的每一个元素与单个数据进行运算，并返回同样大小的数组。

单列数组与单行数组的计算结果返回一个多行的数组，返回数组的行数同单列数组的行数相同，列数同单行数组的列数相同，返回数组的第 R 行第 C 列的数据是单列数组的第 R 行的数据和单行数组第 C 列数据的计算结果。

单列数组的行数与多行多列的行数相同时，并且单行数组的列数与多行多列数组的列数相同时，计算结果返回一个多行多列的数组，返回数组的行、列与多行多列数组的行列数相同。

单列数组与多行多列数组计算时，返回数组的第 R 行第 C 列的数据等于单列数组的第 R 行的数据与多行多列数组的第 R 行第 C 列数据的计算结果。

单行数组与多行多列数组计算时，返回数组的第 R 行第 C 列的数据等于单行数组的第 C 列的数据与多行多列数组的第 R 行第 C 列数据的计算结果。

3.1.3　操作步骤

九九乘法表的制作

1. 制作表头

在第 1 行、第 B 列分别输入表头，如图 3-15 所示。

2．编写公式

选择 B2 单元格，输入公式"=A2*B1"。按照乘法表的规律，横向计算乘法时，C2 单元格中的公式为"=A2*C1"。若选择 B2 单元格，将其向右填充，使用相对引用的话，引用地址将发生改变，公式中的 A2 变为 B2，即 C2=B2*C1。显然这与乘法表的规律不符。如果将 B2 单元格公式中"A2"的列固定下来，使用绝对引用，将 C2 公式修改为"=$A2*B1"，则将公式向右填充所得的数据即为所求，如图 3-15 所示。

图 3-15　向右拖曳填充

纵向计算乘法时，B3 单元格中的公式应该是"=A3*B1"。如果选择 B2 单元格，将其向下拖曳填充，应保证 B 列的行号保持不变。因此，修正公式，将 B2 单元格公式中"B1"的行号采用绝对引用，也就是将公式修改为"=$A2*B$1"。

3．使用字符函数

考虑到表格中要求显示的是"1×1=1"的样式，因此，在 B2 单元格中需运用字符连接函数，修改后的公式为"=$A2 & "×" & B$1 & "=" & $A2*B$1"。

之后，分别将公式向右、向下填充即可。

3.2　处理学生成绩表

3.2.1　案例说明

计算如图 3-16 所示的表格中红色框中的各个数据。

	A	B	C	D	E	F	G
1				学生成绩表			
2	学号	姓名	高等数学	大学语文	外语	计算机	总分
3	96001	卢利利	86.00	88.00	99.00	87.00	360.00
4	96002	卢明	90.00	87.00	86.00	34.00	297.00
5	96003	英平	98.00	87.00	81.50	80.00	346.50
6	96004	田华	78.00	96.00	89.00	91.00	354.00
7	96005	马立涛	79.50	88.50	90.50	93.50	352.00
8	96006	王小萌	78.00	88.00	90.00	65.00	321.00
9	96007	赵炎	88.00	76.00	81.00	68.00	313.00
10	96008	田佳莉	69.50	76.50	98.00	88.00	332.00
11	96009	张力华	66.00	89.00	71.00	74.00	300.00
12	96010	胡龙	64.50	76.50	88.50	83.00	312.50
13	96011	冯红	56.50	73.00	81.00	92.00	302.50
14	96012	郝笔	72.00	60.50	70.50	71.50	274.50
15		最高分	98.00	96.00	99.00	93.50	386.50
16		最低分	56.50	60.50	70.50	34.00	274.50
17		平均分	77.17	82.17	85.50	77.25	322.08
18		优秀人数	2	1	4	3	
19		良好人数	2	6	6	4	
20		中等人数	4	4	2	2	
21		及格人数	3	1	0	2	
22		不及格人数	1	0	0	1	

图 3-16　计算表格中红色框中的各个数据

3.2.2　知识要点分析

函数及其使用

1．函数及其使用

函数实际上是一些预定义的公式，运用一些称为参数的特定的顺序或结构进行计算。Excel 提供的函数，可以满足用户日常办公和专业应用的需要。如果需要特别的专用函数，还可以从第三方供应商处下载或购买所需函数，甚至用户可以自己定义函数（使用 VBA）。

函数的结构包含两部分：函数名称和函数参数。函数名称表达函数的功能，每一个函数都有唯一的函数名。函数中的参数是函数运算的对象，可以是数字、文本、逻辑值，也可以是表达式、引用或其他函数。

Excel 函数一共有 11 类，分别是数据库函数、日期与时间函数、工程函数、财务函数、信息函数、逻辑函数、查询和引用函数、数学和三角函数、统计函数、文本函数以及用户自定义函数。

（1）数据库函数：当需要分析数据清单中的数值是否符合特定条件时，可以使用数据库工作表函数。例如，在一个包含销售信息的数据清单中，可以计算出所有销售数值大于 1000 且小于 2500 的数值总数。Microsoft Excel 共有 12 个工作表函数用于对存储在数据清单或数据库中的数据进行分析，这些函数的统一名称为 Dfunctions，也称为 D 函数，每个函数均有 3 个相同的参数：database、field 和 criteria。这些参数指向数据库函数所使用的工作表区域。其中，参数 database 为工作表上包含数据清单的区域；参数 field 为需要汇总的列的标志；参数 criteria 为工作表上包含指定条件的区域。

（2）日期与时间函数：通过日期与时间函数可以分析和处理日期值和时间值。

（3）工程函数：工程函数用于工程分析。这类函数中的大多数可分为 3 种类型，对复数进行处理的函数、在不同的数字系统（如十进制系统、十六进制系统、八进制系统和二进制系统）间进行数值转换的函数、在不同的度量系统中进行数值转换的函数。

（4）财务函数：财务函数可以进行一般的财务计算，如确定贷款的支付额、投资的未来值或净现值，以及债券或息票的价值。财务函数中常见的参数有以下 6 种。

① 未来值（fv）——在所有付款发生后的投资或贷款的价值。

② 期间数（nper）——投资的总支付期间数。

③ 付款（pmt）——对于一项投资或贷款的定期支付数额。

④ 现值（pv）——在投资期初的投资或贷款的价值。例如，贷款的现值为所借入的本金数额。

⑤ 利率（rate）——投资或贷款的利率或贴现率。

⑥ 类型（type）——付款期间内进行支付的间隔，如在月初或月末。

（5）信息函数：可以使用信息函数确定存储在单元格中的数据的类型。信息函数包含一组称为 IS()的函数，在单元格满足条件时返回 True。例如，如果单元格包含一个偶数值，ISEVEN()函数返回 True。如果需要确定某个单元格区域中是否存在空白单元格，可以使用 COUNTBLANK()函数对单元格区域中的空白单元格进行计数，或者使用 ISBLANK()函数确定区域中的某个单元格是否为空。

（6）逻辑函数：使用逻辑函数可以进行真假值判断，或者进行复合检验。例如，可以使用 IF()函数确定条件为真还是假，并由此返回不同的数值。

（7）查询和引用函数：当需要在数据清单或表格中查找特定数值，或者需要查找某一单元格的引用时，可以使用查询和引用函数。例如，如果需要在表格中查找相匹配的数值时，可以使用

VLOOKUP()函数。如果需要确定数据清单中数值的位置，可以使用 MATCH()函数。

（8）数学和三角函数：通过数学和三角函数可以处理简单的数学计算，例如，对数字取整、计算单元格区域中的数值总和或进行复杂计算。

（9）统计函数：统计函数用于对数据区域进行统计分析。例如，统计工作表函数可以提供由一组给定值绘制的直线，如直线的斜率和 y 轴截距或构成直线的实际点。

（10）文本函数：通过文本函数可以在公式中处理文字串。例如，可以改变大小写或确定文字串的长度，可以将日期插入文字串或连接在文字串上。

（11）用户自定义函数：如果要在公式或计算中使用特别复杂的计算，而工作表函数又无法满足需要，则需要用户自定义函数。这些函数可以通过使用 VBA 来实现。

使用 Excel 函数时，设置函数相应的参数后即可进行计算。我们可以通过 Excel 的"插入函数"功能，使得定位和插入函数的任务变得非常容易完成。

操作步骤如下：

（1）选择需要输入函数的单元格，例如 A2 单元格。

（2）单击图 3-17 中的"插入函数"按钮，将会打开一个"插入函数"对话框。

图 3-17 "插入函数"按钮

（3）单击"或选择类别"下拉列表框右侧的下拉按钮，打开函数列表框，从中选择所需函数的类别，如图 3-18 所示。

图 3-18 选择所需函数的类别

（4）当选中某类函数后，在"选择函数"列表框会显示该类别函数，用户可以在这个列表框中双击选择所需函数，会弹出一个"函数参数"对话框，如图 3-19 所示。

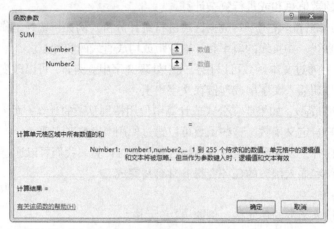

图 3-19 "函数参数"对话框

（5）在"函数参数"对话框中，设置该函数的参数，单击"确定"按钮，如图 3-20 所示。

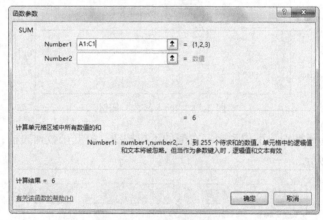

图 3-20 设置函数参数

还可以通过手动输入的方法来完成函数的应用。手动输入函数是指以手动方式输入所需函数。在选定的单元格中，输入一个等号"="，即可输入函数或公式。在输入函数时，Excel 提供了辅助方法。如果输入字母 SU，则会看到图 3-21 所示的下拉列表，显示与之匹配的函数。如果要让 Excel 自动完成位于该列表的函数条目，需使用导航键突出显示的条目，然后按 Tab 键。

图 3-21 显示匹配函数

注意，在列表中突出显示某个函数时也会显示该函数的简要说明。这就是 Excel 提供的"公式记忆式键入"功能。

2. 基本函数

（1）和函数 SUM()。

格式：SUM(number1,number2,…)。

功能：计算一组数值 number1，number2，…的总和。

说明：此函数的参数是必不可少的，参数允许是数值、单元格区域、简单算式。

基本函数

（2）平均值函数 AVERAGE()。

格式：AVERAGE(number1,number2,…)。

功能：计算一组数值 number1，number2，…的平均值。

说明：对于所有参数进行累加，再用总和除以参数个数。注意，区域内的空白单元格不参与计数，但如果单元格中的数据为 0，则参与运算。

（3）最大值函数 MAX()。

格式：MAX(number1,number2,…)。

功能：计算一组数值 number1，number2，…中的最大值。

说明：参数可以是数字或者包含数字的引用。如果参数为错误值或为不能转换为数字的文本，将会导致错误。

（4）最小值函数 MIN()。

格式：MIN(number1,number2,…)。

功能：计算一组数值 number1，number2，…中的最小值。参数说明同上。

（5）计数函数 COUNT()。

格式：COUNT(value1,value2,…)。

功能：计算区域中包含数字的单元格个数。

说明：只有引用中的数字或日期会被计数，而空白单元格、逻辑值、文字和错误值都将被忽略。

例 3.4　在图 3-22 所示数据表中的 A6 单元格插入计数函数 COUNT（A1:A5），求其计算结果。

应用函数计算后，图 3-22 所示的 A6 单元格中的数字为所求。

（6）条件计数函数 COUNTIF()。

格式：COUNTIF(单元格区域，条件)。

功能：计算单元格区域中满足条件的单元格个数。

说明：条件可以是数字、表达式或文字。

图 3-22　应用函数计算结果

例 3.5　在图 3-23 所示数据表中的 B6 单元格输入公式 "=COUNTIF(B1:B5,">80")," 在 C6 单元格中输入公式 "=COUNTIF(C1:C5,"良好")," 求其计算结果。

其中，B6 单元格的计算结果为 3，C6 单元格的计算结果为 2，如图 3-23 所示。

图 3-23　条件计数函数计算结果

（7）条件函数 IF()。

格式：IF(logical-test, value-if-true, value-if-false)。

功能：根据逻辑值 logical-test 进行判断，若为 True，返回 value-if-true，否则，返回 value-if-false。

说明：IF 函数可以嵌套使用，最多嵌套 7 层，用 logical-test 和 value-if-true 参数可以构造复杂的测试条件。

例 3.6 在 B1 单元格中输入公式 "=IF(A1>=60,"及格","不及格")，" 在 B2 单元格中输入公式 "=IF(A2>=60,"及格","不及格")，" 求其计算结果。

其中，B1 单元格的结果显示为 "及格"，B2 单元格的结果显示为 "不及格"，如图 3-24 所示。

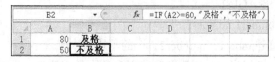

图 3-24 条件函数计算结果

3.2.3 操作步骤

1. 完善表头

在 A15～A22 单元格中分别输入表头字样，然后将 A、B 两列的 15 行～22 行合并单元格，设计如图 3-25 所示的样式。

2. 计算相关数据

（1）选中 G3 单元格并输入等号 "="，在系统弹出的函数列表中选择 "SUM" 函数。如果系统弹出的 "函数列表" 中没有要使用的函数，则可以通过打开 "插入函数" 对话框进行选择，如图 3-26 所示。

（2）选择 "SUM" 函数后，在 "函数参数" 对话框中输入 "C3:F3"，如图 3-27 所示。

（3）单击 "确定" 按钮，完成 SUM() 函数的计算，如图 3-28 所示。

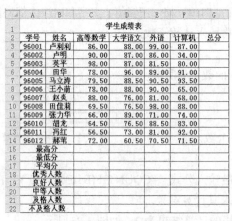

图 3-25 合并单元格

图 3-26 "插入函数" 对话框

（4）使用向下填充的方法完成所有学生 "总分" 的计算。实际上，求和运算也可以通过工具栏上的 "∑" 按钮快速实现。

（5）用类似方法计算学生成绩表中的 "最高分"（使用函数 MAX()）、"最低分"（使用函数 MIN()）、"平均分"（使用函数 AVERAGE()）。

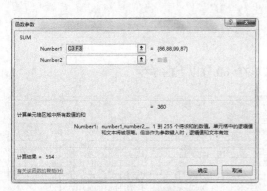

图 3-27　输入函数参数

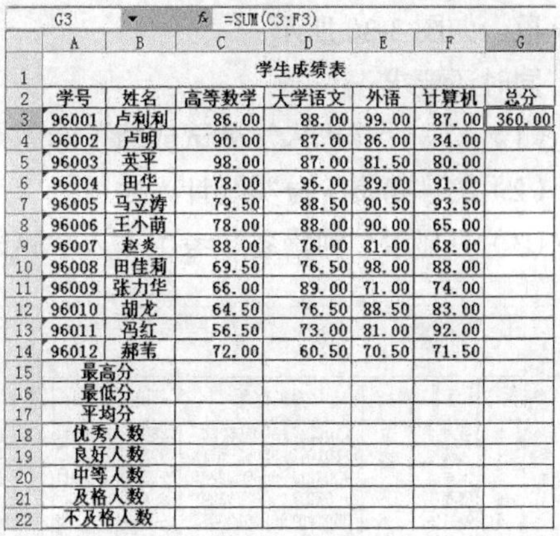

G3　=SUM(C3:F3)

	A	B	C	D	E	F	G
1	学生成绩表						
2	学号	姓名	高等数学	大学语文	外语	计算机	总分
3	96001	卢利利	86.00	88.00	99.00	87.00	360.00
4	96002	卢明	90.00	87.00	86.00	34.00	
5	96003	英平	98.00	87.00	81.50	80.00	
6	96004	田华	78.00	96.00	89.00	91.00	
7	96005	马立涛	79.50	88.50	90.50	93.50	
8	96006	王小萌	78.00	88.00	90.00	65.00	
9	96007	赵炎	88.00	76.00	81.00	68.00	
10	96008	田佳莉	69.50	76.50	98.00	88.00	
11	96009	张力华	66.00	89.00	71.00	74.00	
12	96010	胡龙	64.50	76.50	88.50	83.00	
13	96011	冯红	56.50	73.00	81.00	92.00	
14	96012	郝苇	72.00	60.50	70.50	71.50	
15	最高分						
16	最低分						
17	平均分						
18	优秀人数						
19	良好人数						
20	中等人数						
21	及格人数						
22	不及格人数						

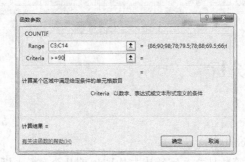

图 3-28　完成求和计算

3. 统计各类人数

（1）在 C18 单元格中统计“优秀人数”。

选中 C18 单元格并输入等号“=”，选择“COUNTIF”函数。区域选择为“C3:C14”的单元格，统计的条件设定为“>=90”，如图 3-29 所示，单击“确定”按钮即可求得计算结果。因此，C18 单元格中的公式为=“COUNTIF(C3:C14,">=90")”。

图 3-29　设置统计条件

（2）在 C19 单元格中统计“良好人数”。

选中 C19 单元格，用类似统计 90 分以上人数的方法统计 80 分以上的人数，然后将优良总人数减去“优秀”的人数即可。

C19 单元格中的公式为“=COUNTIF(C3:C14,">=80")-C18”。

同理统计“中等人数”和“及格人数”。而“不及格人数”可以用公式“=COUNTIF(C3:C14,"<60")”计算求得。

单科成绩各等级人数计算完成后，使用向右填充即可完成全部科目的统计。

3.3 完善学生信息表

3.3.1　案例说明

在原“学生信息表”的基础上增加“身份证号”“出生日期”和“计算机入学测试成绩”等 3

个字段，如图 3-30 所示。

同时还要求：

（1）按"计算机入学测试成绩"降序排列。

（2）按"籍贯"分类统计人数。

（3）只显示"河南省"考生"入学测试成绩"在 60 分以上的学生。

序号	姓名	性别	身份证号	出生日期	籍贯	政治面貌	手机	邮箱	班级	学号	宿舍	计算机入学测试成绩
1	程小丽	女	110221199509052247	1995年09月05日	北京市	共青团员	13900001234	010101@huel.edu.cn	130101	20134010101	雅1-101	72.58
2	马路刚	男	110101199506265551X	1995年06月26日	北京市	共青团员	13900001234	010102@huel.edu.cn	130101	20134010102	雅1-106	24.17
3	张军	男	410421199606202246	1996年06月20日	河南省	共青团员	13900001235	010103@huel.edu.cn	130101	20134010103	雅1-106	21.77
4	刘志刚	男	140121199401262249	1994年01月26日	山西省		13900001236	010104@huel.edu.cn	130101	20134010104	雅1-101	21.15
5	张红军	男	350583199410120072	1994年10月12日	福建省		13900001237	010105@huel.edu.cn	130101	20134010105	雅1-106	20.67
6	杨红敏	女	410801199502162247	1995年02月16日	河南省	共青团员	13900001238	010106@huel.edu.cn	130101	20134010106	雅1-101	65.2
7	杨伟健	女	620123198708202245	1987年08月20日	甘肃省	共青团员	13900001239	010107@huel.edu.cn	130101	20134010107	雅1-106	58.12
8	卢红	女	350583199610120095	1996年10月12日	福建省	共青团员	13900001240	010108@huel.edu.cn	130101	20134010108	雅1-106	54.15
9	李佳	女	410216199410120180	1994年10月12日	河南省		13900001241	010109@huel.edu.cn	130101	20134010109	雅1-106	14.68
10	李诗	男	410105199501222776	1995年01月22日	河南省		13900001242	010110@huel.edu.cn	130101	20134010110	雅1-107	88.2
11	许泽平	男	110221199609052247	1996年09月05日	北京市	共青团员	13900001243	010111@huel.edu.cn	130101	20134010111	雅1-107	7.51
12	张红	男	110101199506265551X	1995年06月26日	北京市		13900001244	010112@huel.edu.cn	130101	20134010112	雅1-107	60
13	田丽	女	410216199410120180	1994年10月12日	河南省		13900001245	010113@huel.edu.cn	130101	20134010113	雅1-101	52.87
14	刘大为	男	140121199601262249	1996年01月26日	山西省	共青团员	13900001246	010114@huel.edu.cn	130101	20134010114	雅1-107	6.79
15	李几威	男	350583199610120072	1994年10月12日	福建省	共青团员	13900001247	010115@huel.edu.cn	130101	20134010115	雅1-107	56.51
16	李辉	男	410801199502162247	1995年02月16日	河南省	共青团员	13900001248	010116@huel.edu.cn	130101	20134010116	雅1-108	49.46
17	张恬恬	女	410123199408202245	1994年08月20日	甘肃省		13900001249	010117@huel.edu.cn	130101	20134010117	雅1-102	51.53
18	唐小锦	女	350583199610120095	1996年10月12日	福建省		13900001250	010118@huel.edu.cn	130101	20134010118	雅1-102	46.87
19	刘艳	女	410216199410120180	1994年10月12日	河南省	共青团员	13900001251	010119@huel.edu.cn	130101	20134010119	雅1-102	44.41
20	马燕	女	410105199501222776	1995年01月22日	河南省		13900001252	010120@huel.edu.cn	130101	20134010120	雅1-108	43.33
21	杨鹏	男	110221199609052247	1996年09月05日	北京市		13900001253	010121@huel.edu.cn	130101	20134010121	雅1-108	47.25
22	司徒春	女	110101199406265551X	1994年06月26日	北京市		13900001254	010122@huel.edu.cn	130101	20134010122	雅1-102	42.77
23	李丽敏	女	410421199406202246	1994年06月20日	河南省	共青团员	13900001255	010123@huel.edu.cn	130101	20134010123	雅1-103	39.78

图 3-30　学生信息表

3.3.2　知识要点分析

1. 字符函数

（1）LEFT()函数。

格式：LEFT(text,num_chars)。

功能：根据所指定的字符数从文本字符串左边取出前几个字符，即 LEFT()函数可对字符串进行"左截取"。

其中，参数 text 是要提取字符的文本字符串；num_chars 是指定提取的字符个数，它必须大于或等于 0。如果省略参数 num_chars，默认值为 1。如果参数 num_chars 大于文本长度，则 LEFT()函数返回所有文本。

例如：LEFT("电脑爱好者",2)，返回字符串"电脑"。

（2）RIGHT()函数。

格式：RIGHT(text,num_chars)。

功能：根据所指定的字符数从文本字符串右边取出前几个字符，即 RIGHT()函数对字符串进行"右截取"。

其中，参数 text 是要提取字符的文本字符串；num_chars 是指定提取的字符个数，它必须大于或等于 0。如果省略参数 num_chars，默认值为 1。如果参数 num_chars 大于文本长度，则 RIGHT()函数返回所有文本。

例如：RIGHT("电脑爱好者",3)，返回字符串"爱好者"。

（3）MID()函数。

格式：MID(text,start_num,num_chars)。

功能：返回文本字符串中从指定位置开始提取特定数目的字符，该数目由用户指定。

其中，参数 text 为要提取字符的文本字符串；start_num 为要提取的第一个字符的位置（文本中第一个字符的位置为 1，依此类推）；num_chars 为指定提取的字符个数。

例如：MID("电脑爱好者",3,2)，返回字符串“爱好”。

（4）LEN()函数。

格式：LEN(text)。

功能：返回文本字符串中的字符数。

其中，参数 text 为要查找其长度的文本，空格也将作为字符进行计数。

例如：LEN("电脑爱好者")，返回数字 5 。

（5）逻辑函数。

逻辑与函数格式：AND (logical1,logical2, …)。

逻辑或函数格式：OR (logical1,logical2,…)。

功能：用于确定测试中的所有条件是否均为 True。

参数 logical1, logical2, …表示待测试的条件值或表达式，其结果可为 True 或 False，最多不超过 30 个。

① 当使用 AND()函数进行运算时，只有当运算对象都为 True 的情况下，运算结果才为 True，否则结果为 False。

② 当使用 OR()函数进行运算时，只有当运算对象都为 False 的情况下，运算结果才为 False，否则结果为 True。

例如：运用上述函数进行简单的字符运算。某城市电话号码由 7 位升为 8 位，其具体方法是：由“1”“9”开头的特服号不变，其余的在原号码前加“2”，如图 3-31 所示。

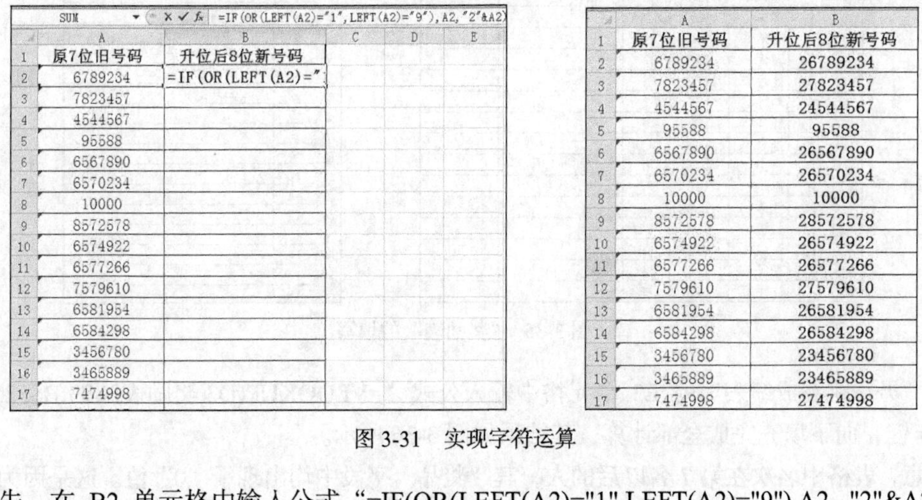

	A	B
1	原7位旧号码	升位后8位新号码
2	6789234	26789234
3	7823457	27823457
4	4544567	24544567
5	95588	95588
6	6567890	26567890
7	6570234	26570234
8	10000	10000
9	8572578	28572578
10	6574922	26574922
11	6577266	26577266
12	7579610	27579610
13	6581954	26581954
14	6584298	26584298
15	3456780	23456780
16	3465889	23465889
17	7474998	27474998

图 3-31　实现字符运算

首先，在 B2 单元格中输入公式“=IF(OR(LEFT(A2)="1",LEFT(A2)="9"),A2, "2"&A2)”，按 Enter 键再向下填充即可完成全部的计算。

如果在电话号码的升位中不考虑特服号，操作还可以这样：将 A 列的数据粘贴到 B 列，通过“格式提示”的下拉列表框选择“转换为数字”选项，如图 3-32 所示。

然后，打开“设置单元格格式”对话框，在“分类”列表框中选择“自定义”选项，在“类型”下拉列表框中输入“2#”，如图 3-33 所示。最后单击“确定”按钮结束设置，运算结果如图 3-34 所示，所有的电话号码的位数均增至 8 位。

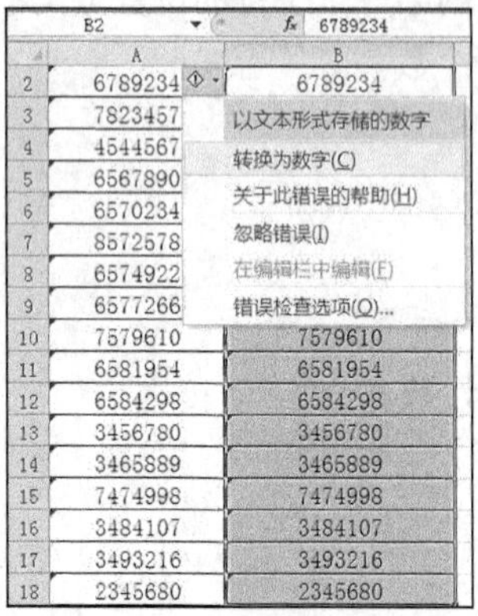

图 3-32 "转换为数字"选项　　　图 3-33 设置"类型" 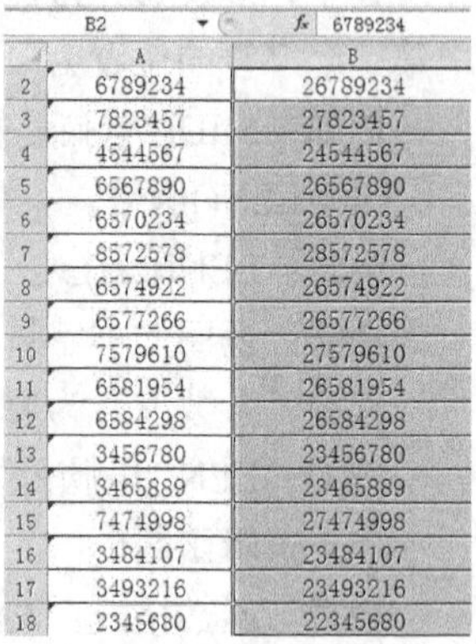　　　图 3-34 运算结果显示

（6）引用函数。

格式：VLOOKUP(查找值，查找数组，指定列，选项)。

功能：返回"查找数组"中第一列（行）与"查找值"相同的"指定列（行）"的值。

"选项"为缺省、1、TRUE 时，则模糊查找，要求有序；"选项"为 0、FALSE 时，则精确查找，支持无序。如果"查找值"没有出现在"查找数组"中，则返回"#N/A"。

例如：依据"奖励表"的信息完成"奖励"字段的填写（前 30 名都有积分，同时限定选前 30 名），如图 3-35 所示。

图 3-35 "奖励表"的填写

在"男子跳高成绩表"的 E3 单元格中输入公式"=VLOOKUP(D3,奖励表!A$3:B$32,2,1)"，按 Enter 键，向下填充完成全部计算，其结果如图 3-36 所示。

注意，表格中名次在第 7 名以后的人，其"奖品"字段中均出现了"0"值。这是因为引用时的第一个值是数值造成的。可以通过下面两种方法隐藏"0"值。

① 在原来公式后面链接一个空串，即公式为

```
=VLOOKUP(D3,奖励表!A$3:B$32,2,1) &""
```

② 可以选择"文件"|"选项"命令，打开"Excel 选项"对话框，在"高级"选项组中取消选择"在具有零值的单元格中显示零"复选框，如图 3-37 所示。隐藏"0"值后的结果如图 3-38 所示。

E3 ▼ fx =VLOOKUP(D3,奖励表!A$3:B$32,2,1)

	A	B	C	D	E	F
1				男子跳高成绩表		
2	序号	姓名	成绩	名次	奖品	积分
3	1	李成军	154	2	运动鞋一双	
4	2	李军	135	11	0	
5	3	詹荣华	138	9	0	
6	4	李诗	140	7	0	
7	5	杜月宏	151	3	网球拍一只	
8	6	刘坤	158	1	运动装一套	
9	7	杜强	138	9	0	
10	8	张震	135	11	0	
11	9	卢山	145	5	运动护具一件	
12	10	彭旸	145	5	运动护具一件	
13	11	杜乐	150	4	羽毛球拍一只	
14	12	张胜	135	11	0	
15	13	张成	120	16	0	
16	14	李子	140	7	0	
17	15	许小辉	125	15	0	

图 3-36　向下填充计算

图 3-37　取消选择复选框

	A	B	C	D	E	F
1				男子跳高成绩表		
2	序号	姓名	成绩	名次	奖品	积分
3	1	李成军	154	2	运动鞋一双	
4	2	李军	135	11		
5	3	詹荣华	138	9		
6	4	李诗	140	7		
7	5	杜月宏	151	3	网球拍一只	
8	6	刘坤	158	1	运动装一套	
9	7	杜强	138	9		
10	8	张震	135	11		
11	9	卢山	145	5	运动护具一件	
12	10	彭旸	145	5	运动护具一件	
13	11	杜乐	150	4	羽毛球拍一只	
14	12	张胜	135	11		
15	13	张成	120	16		
16	14	李子	140	7		
17	15	许小辉	125	15		

图 3-38　隐藏 "0" 值结果

另外，本例中"积分"字段的计算类似"奖品"字段。在"男子跳高成绩表"的 F3 单元格中输入公式"=VLOOKUP(D3,奖励表!A$3:C$32,3,1)"，按 Enter 键并向下填充完成全部计算，其结果如图 3-39 所示。

	A	B	C	D	E	F
1				男子跳高成绩表		
2	序号	姓名	成绩	名次	奖品	积分
3	1	李成军	154	2	运动鞋一双	7
4	2	李军	135	11		1
5	3	詹荣华	138	9		1
6	4	李诗	140	7		1
7	5	杜月宏	151	3	网球拍一只	6
8	6	刘坤	158	1	运动装一套	9
9	7	杜强	138	9		1
10	8	张震	135	11		1
11	9	卢山	145	5	运动护具一件	4
12	10	彭旸	145	5	运动护具一件	4
13	11	杜乐	150	4	羽毛球拍一只	5
14	12	张胜	135	11		1
15	13	张成	120	16		1
16	14	李子	140	7		1
17	15	许小辉	125	15		1

图 3-39　向下填充完成结果

2. 数据引入和分列

（1）数据引入。

Excel 2016 提供了数据查询功能，用户可以不用费时费力的粘贴，也不必使用 VBA 和 SQL 查询语句，就能完成多个工作簿的数据汇总。

单击"数据"选项卡，如图 3-40 所示。在"获取和转换"分栏中单击"新建查询"按钮，如图 3-41 所示。从下拉列表中可以选择一种载入数据的方式，如图 3-42 所示。同时，还可以进行文件类型的选择，如图 3-43 所示。也可以用数据库加载外部文件，如图 3-44 所示。

图 3-40　"数据"选项卡

图 3-41　新建查询　　　图 3-42　查询选择　　图 3-43　文件类型选择　　图 3-44　加载外部文件

（2）分列。

Excel 的分列功能主要体现在对数据的有效拆分。假如需要统计一下公司员工的年龄，人事部门在做员工档案时只记录了员工的身份证号，没有统计其出生日期，Excel 提供的分列功能可以快速地从身份证号码里拆分出他们的出生日期。

具体操作如下：

① 先将数据源整理好，如图 3-45 所示。

② 选中需要分列的数据，单击"数据"|"数据工具"|"分列"按钮，在弹出的对话框中选择"固定宽度"选项，如图 3-46 所示。然后单击"下一步"按钮。

图 3-45　整理数据源　　　　　　　图 3-46　"固定宽度"选项

③ 单击鼠标将出生日期所在的宽度进行分列标记，如图 3-47 所示。

图 3-47　宽度分列标记

④ 单击"下一步"按钮，鼠标分别单击出生日期两边的值，选择列数据格式为"不导入此列（跳过）"选项，单击出生日期这一列，选择列数据格式为"日期"，在"目标区域"文本框中选中出生日期所在的单元格区域，如图 3-48 所示。

⑤ 单击"完成"按钮，输出结果如图 3-49 所示。

图 3-48　设置目标区域

图 3-49　分列结果

3. 数据排序

（1）单条件排序。

如果要对工作表中的一列数据进行排序，可使用单条件排序功能。选中需要进行排序的列中的任意一个单元格，单击"数据"|"排序和筛选"|"升序"按钮或"降序"按钮，即可进行升序或降序排序。也可以单击"排序"按钮，打开"排序"对话框，分别设置"主要关键字""次序"选项进行排序，如图 3-50 所示。

排序与分类汇总

对于学生的成绩表，将总分按降序排列完毕，再完成名次的填充。注意：若总分出现相同的情况，则分数名次不并列，如图 3-51 所示。

图 3-50 "排序"对话框

考号	姓名	语文	数学	英语	化学	总分	名次
001	张琳	80	95	88	90	353	1
022	马芳	92	86	80	92	350	2
023	王珊	78	90	86	83	337	3
056	李君	87	80	77	86	330	4
070	孙倩	85	76	90	75	326	5
039	李达	80	97	70	79	326	6
046	张杰	79	80	81	70	310	7

图 3-51 排序结果

（2）多条件排序。

如果要对工作表中多列的内容进行排序，可使用多条件排序。单击"数据"|"排序和筛选"|"排序"按钮，弹出"排序"对话框。单击"添加条件"按钮，即可增加排序的条件。

当使用多个条件排序时，"排序"对话框按关键字分主要、次要条件。排在第一考虑因素的条件称作主要条件，应作为"主要关键字"。之后的均为次要条件，设置为"次要关键字"。选中"主要关键字"或"次要关键字"，鼠标单击向上或向下移动的三角按钮，可进行"主要关键字"与"次要关键字"的调整。每个关键字均可按照实际情况进行"升序"或"降序"设置，如图 3-52 所示。

图 3-52 设置多条件排序

4. 分类汇总

分类汇总是 Excel 中最常用的功能之一。它能够快速地以某一个字段为分类项，对数据列表中的数值字段进行各种统计和计算，如求和、计数、平均值、最大值、最小值、乘积等。

（1）创建分类汇总。

打开"各部门工资统计表.xlsx"，如图 3-53 所示。若要计算数据表中每个部门的员工实发工资之和，可用分类汇总进行计算。

① 选中部门这一列的任意一个单元格，单击“数据”|“排序和筛选”|“升序”按钮，把数据表按照“部门”进行排序。

② 单击“数据”|“分级显示”|“分类汇总”按钮，在弹出的“分类汇总”对话框中选择“分类字段”为“部门”，“汇总方式”为“求和”，“选定汇总项”为“实发工资”，如图 3-54 所示。

	A	B	C	D	E	F	G
1–2	各部门工资统计表						
3	部门	姓名	基本工资	奖金	住房基金	保险费	实发工资
4	办公室	陈鹏	¥ 800.00	¥ 700.00	¥ 130.00	¥ 100.00	¥ 1,270.00
5	人事处	胡海涛	¥ 613.00	¥ 600.00	¥ 100.00	¥ 100.00	¥ 1,013.00
6	财务处	连威	¥ 800.00	¥ 700.00	¥ 130.00	¥ 100.00	¥ 1,270.00
7	办公室	王卫平	¥ 685.00	¥ 700.00	¥ 100.00	¥ 100.00	¥ 1,185.00
8	统计处	沈克	¥ 613.00	¥ 600.00	¥ 100.00	¥ 100.00	¥ 1,013.00
9	办公室	张晓寰	¥ 685.00	¥ 600.00	¥ 100.00	¥ 100.00	¥ 1,085.00
10	办公室	杨宝春	¥ 613.00	¥ 600.00	¥ 100.00	¥ 100.00	¥ 1,013.00
11	人事处	王川	¥ 613.00	¥ 700.00	¥ 100.00	¥ 100.00	¥ 1,113.00
12	后勤处	林海	¥ 685.00	¥ 700.00	¥ 130.00	¥ 100.00	¥ 1,155.00
13	后勤处	刘学燕	¥ 613.00	¥ 600.00	¥ 100.00	¥ 100.00	¥ 1,013.00
14	人事处	许东东	¥ 800.00	¥ 700.00	¥ 130.00	¥ 100.00	¥ 1,270.00
15	人事处	艾芳	¥ 685.00	¥ 700.00	¥ 100.00	¥ 100.00	¥ 1,185.00
16	统计处	庄凤仪	¥ 800.00	¥ 700.00	¥ 130.00	¥ 100.00	¥ 1,270.00
17	人事处	王小明	¥ 613.00	¥ 600.00	¥ 100.00	¥ 100.00	¥ 1,013.00
18	统计处	沈奇峰	¥ 685.00	¥ 600.00	¥ 100.00	¥ 100.00	¥ 1,085.00
19	统计处	岳晋生	¥ 613.00	¥ 600.00	¥ 100.00	¥ 100.00	¥ 1,013.00
20							

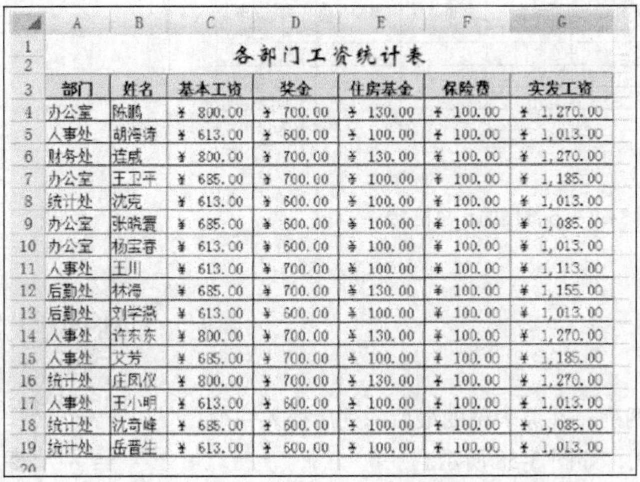

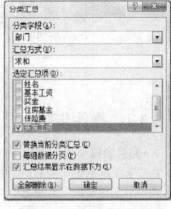

图 3-53　各部门工资统计表

图 3-54　“分类汇总”对话框

③ 单击“确定”按钮，就可以看到已经计算好的各部门实发工资之和，如图 3-55 所示。

	A	B	C	D	E	F	G
1–2	各部门工资统计表						
3	部门	姓名	基本工资	奖金	住房基金	保险费	实发工资
4	办公室	陈鹏	¥ 800.00	¥ 700.00	¥ 130.00	¥ 100.00	¥ 1,270.00
5	办公室	王卫平	¥ 685.00	¥ 700.00	¥ 100.00	¥ 100.00	¥ 1,185.00
6	办公室	张晓寰	¥ 685.00	¥ 600.00	¥ 100.00	¥ 100.00	¥ 1,085.00
7	办公室	杨宝春	¥ 613.00	¥ 600.00	¥ 100.00	¥ 100.00	¥ 1,013.00
8	办公室 汇总						¥ 4,553.00
9	财务处	连威	¥ 800.00	¥ 700.00	¥ 130.00	¥ 100.00	¥ 1,270.00
10	财务处 汇总						¥ 1,270.00
11	后勤处	林海	¥ 685.00	¥ 700.00	¥ 130.00	¥ 100.00	¥ 1,155.00
12	后勤处	刘学燕	¥ 613.00	¥ 600.00	¥ 100.00	¥ 100.00	¥ 1,013.00
13	后勤处 汇总						¥ 2,168.00
14	人事处	胡海涛	¥ 613.00	¥ 600.00	¥ 100.00	¥ 100.00	¥ 1,013.00
15	人事处	王川	¥ 613.00	¥ 700.00	¥ 100.00	¥ 100.00	¥ 1,113.00
16	人事处	许东东	¥ 800.00	¥ 700.00	¥ 130.00	¥ 100.00	¥ 1,270.00
17	人事处	艾芳	¥ 685.00	¥ 700.00	¥ 100.00	¥ 100.00	¥ 1,185.00
18	人事处	王小明	¥ 613.00	¥ 600.00	¥ 100.00	¥ 100.00	¥ 1,013.00
19	人事处 汇总						¥ 5,594.00
20	统计处	沈克	¥ 613.00	¥ 600.00	¥ 100.00	¥ 100.00	¥ 1,013.00
21	统计处	庄凤仪	¥ 800.00	¥ 700.00	¥ 130.00	¥ 100.00	¥ 1,270.00
22	统计处	沈奇峰	¥ 685.00	¥ 600.00	¥ 100.00	¥ 100.00	¥ 1,085.00
23	统计处	岳晋生	¥ 613.00	¥ 600.00	¥ 100.00	¥ 100.00	¥ 1,013.00
24	统计处 汇总						¥ 4,381.00
25	总计						¥17,966.00

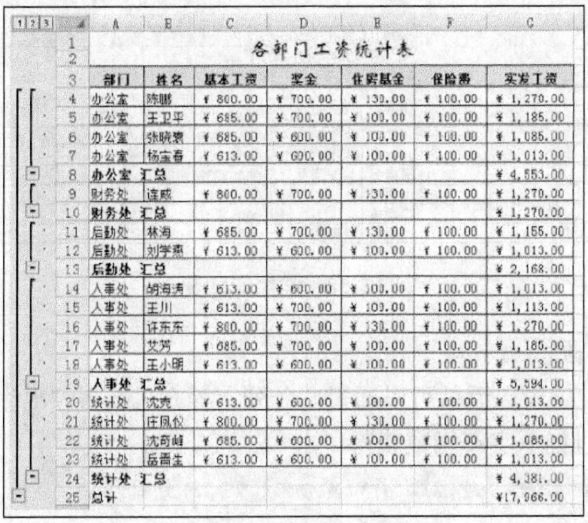

图 3-55　计算实发工资之和

（2）分级显示。

分类汇总中的数据是分级显示的。如在工作表的左上角出现了“1、2、3”这样的分级显示区域，如图 3-56 所示。

	A	B	C	D	E	F	G
1–2	各部门工资统计表						
3	部门	姓名	基本工资	奖金	住房基金	保险费	实发工资
25	总计						¥17,966.00
26							

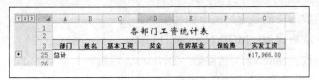

图 3-56　分类汇总的显示

单击"2"，则数据表显示为设置的 2 级分类汇总的数据，由此可以清楚地看到各部门的汇总情况，如图 3-57 所示。

1 2 3		A	B	C	D	E	F	G
	1				各部门工资统计表			
	2							
	3	部门	姓名	基本工资	奖金	住房基金	保险费	实发工资
+	8	办公室 汇总						¥ 4,553.00
+	10	财务处 汇总						¥ 1,270.00
+	13	后勤处 汇总						¥ 2,168.00
+	19	人事处 汇总						¥ 5,594.00
+	24	统计处 汇总						¥ 4,381.00
-	25	总计						¥17,966.00
	26							

图 3-57　各部门的汇总情况

3.3.3　操作步骤

完善学生信息表

1. 完善表格

在"学生信息表"的 C 列后插入两列，在原表格的最后一列后插入一列。输入相应的字段名称，并调整字段格式，如图 3-58 所示。

2. 完善数据

（1）"身份证号"字段。

"身份证号"字段的宽度为 18 位，可以通过"数据验证"功能来控制该字段的宽度。

	A	B	C	D	E	F	G	H	I	J	K	L	M
1							学生信息表						
2	序号	姓名	性别	身份证号	出生日期	籍贯	政治面貌	联系方法		班级	学号	宿舍	计算机入学测试成绩
3								手机	邮箱				
4	1	程小丽	女			北京市	共青团员	13900001233	010101@huel.edu.cn	130101	20134010101	雅1-101	
5	2	马路刚	男			北京市	共青团员	13900001234	010102@huel.edu.cn	130101	20134010102	雅1-106	
6	3	张军	男			河南省	共青团员	13900001235	010103@huel.edu.cn	130101	20134010103	雅1-106	
7	4	刘志刚	男			山西省		13900001236	010104@huel.edu.cn	130101	20134010104	雅1-106	
8	5	张红军	男			福建省		13900001237	010105@huel.edu.cn	130101	20134010105	雅1-106	
9	6	杨红敏	女			河南省	共青团员	13900001238	010106@huel.edu.cn	130101	20134010106	雅1-101	

图 3-58　学生信息表

（2）"出生日期"字段。

在获取"身份证号"字段以后就可以通过"分列"等方式获得"出生日期"的信息。"出生日期"字段的值也可以通过如下字符函数获得。

```
=MID(D4,7,4)&"年"&MID(D4,11,2)&"月"&MID(D4,13,2)&"日"
```

（3）"性别"字段。

实际上，"性别"字段也可以通过"身份证号"字段的值获得。这是因为用身份证号第 17 位的数字可以判断性别，奇数表示男性，偶数表示女性。所以"性别"字段的值就可以通过下面的函数获得。

```
=IF(MOD(MID(D4,17,1),2)=0,"女","男")
```

其中，MOD()函数的功能是返回两个数相除的余数。

MOD()函数的语法格式为：MOD(Number,Divisor)。

其中包括两个参数，Number 为被除数，Divisor 为除数。

（4）"计算机入学测试成绩"字段。

"计算机入学测试成绩"字段的值可以通过"计算机入学测试成绩汇总表"得到，如图 3-59 所示。这里用到了引用函数。在 M4 单元格中输入公式"=VLOOKUP(K4,计算机入学测试成绩汇总表!A\$2:D\$5876,4,0)"，按 Enter 键，然后向下填充完成剩余的计算，如图 3-60 所示。

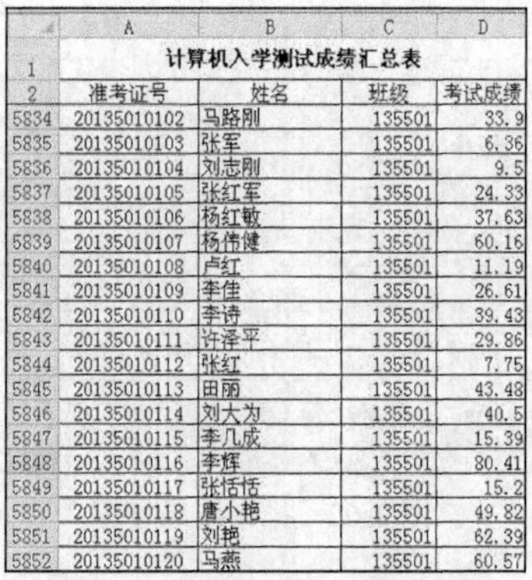

图 3-59　显示计算机入学测试成绩

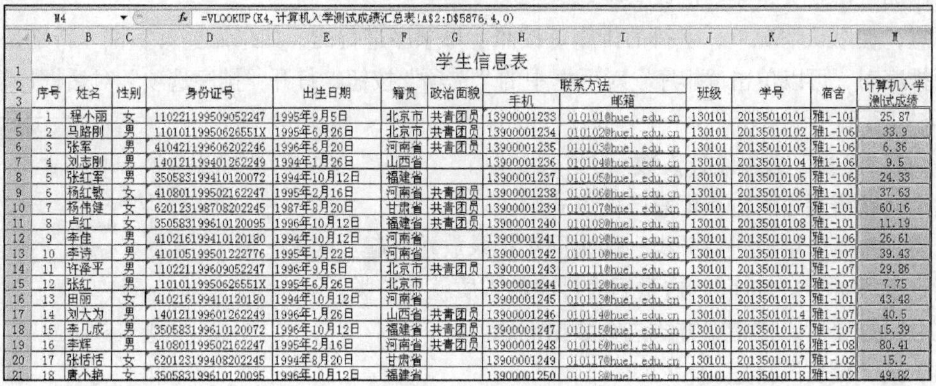

图 3-60　填充完成

3. 按"成绩"排序

在建立工作表时，记录（或称数据）是按照输入顺序无规律排列的，想要查看满足某些特定条件的记录很不方便。为此，可以对工作表中的记录进行排序，从而提高查找效率。

（1）选中整个数据区域，单击"数据"|"排序和筛选"|"排序"按钮，弹出"排序"对话框，如图 3-61 所示。

图 3-61　"排序"对话框

（2）选择"数据包含标题"复选框，并在"主要关键字"下拉列表中选择"计算机入学测试成绩"，在"排序依据"下拉列表框中选择"单元格值"，在"次序"下拉列表框中选择"降序"。单击"确定"按钮，完成成绩的降序排列。其结果如图 3-62 所示。

	序号	姓名	性别	身份证号	出生日期	籍贯	政治面貌	手机	邮箱	班级	学号	宿舍	计算机入学测试成绩
								联系方法					
4	16	李辉	男	410801199502162247	1995年2月16日	河南省	共青团员	13900001248	0101116@huel.edu.cn	130101	20135010116	雅1-108	80.41
5	41	黄海生	男	110221199509062247	1995年9月6日	北京市		13900001273	0101141@huel.edu.cn	130101	20135010141	雅1-109	67.05
6	25	李成军	男	350583199410120072	1994年10月12日	福建省		13900001257	0101125@huel.edu.cn	130101	20135010125	雅1-108	65.89
7	30	刘丽	女	410105199501122776	1995年1月22日	河南省		13900001262	0101130@huel.edu.cn	130101	20135010130	雅1-104	62.68
8	19	刘娴	女	410216199410120180	1994年10月12日	河南省		13900001251	0101119@huel.edu.cn	130101	20135010119	雅1-105	62.39
9	20	马燕	女	410105199501122776	1995年1月22日	河南省	共青团员	13900001252	0101120@huel.edu.cn	130101	20135010120	雅1-105	60.57
10	38	李丽丽	女	350583199410120095	1995年1月22日	福建省	共青团员	13900001270	0101138@huel.edu.cn	130101	20135010138	雅1-105	60.51
11	7	杨伟健	女	620123198708202245	1987年8月20日	甘肃省	共青团员	13900001239	0101107@huel.edu.cn	130101	20135010107	雅1-101	60.16
12	27	詹美华	女	620123199608202245	1995年8月20日	甘肃省		13900001259	0101127@huel.edu.cn	130101	20135010127	雅1-103	53.21
13	18	唐小娜	女	350583199410120072	1994年10月12日	福建省		13900001258	0101118@huel.edu.cn	130101	20135010118	雅1-102	49.82
14	39	许小辉	男	410216199510120180	1995年10月12日	河南省	共青团员	13900001271	0101139@huel.edu.cn	130101	20135010139	雅1-105	49.44
15	21	扬娜	男	110221199509052247	1995年9月6日	北京市		13900001253	0101121@huel.edu.cn	130101	20135010121	雅1-105	47.6
16	29	杜月红	女	410216199410120180	1994年10月12日	河南省	共青团员	13900001261	0101129@huel.edu.cn	130101	20135010129	雅1-103	45.99
17	13	田丽	女	410216199410120180	1994年10月12日	河南省		13900001245	0101113@huel.edu.cn	130101	20135010113	雅1-101	43.48
18	37	张成	男	620123199608202245	1995年8月20日	甘肃省		13900001269	0101137@huel.edu.cn	130101	20135010137	雅1-101	42.09
19	31	杜月	女	110221199609092247	1996年9月9日	北京市	共青团员	13900001263	0101131@huel.edu.cn	130101	20135010131	雅1-104	41.69
20	14	刘大为	男	140121199601262249	1996年1月26日	山西省		13900001246	0101114@huel.edu.cn	130101	20135010114	雅1-107	40.5
21	10	李诗	男	410105199501122776	1995年1月22日	河南省		13900001242	0101110@huel.edu.cn	130101	20135010110	雅1-107	39.43

图 3-62 排序结果显示

（3）如果在排序时需要涉及多个关键字，则可以在"排序"对话框中，单击"添加条件"按钮，以添加"次要关键字"的设置项。

注意，在默认情况下，字符的排序是按照字母顺序进行的，如果需要对字符（特别是汉字）按笔画排序时，可以单击"排序"对话框中的"选项"按钮，打开"排序选项"对话框进行设置，如图 3-63 所示。

4. 按"籍贯"分类统计人数

这个问题需通过"分类汇总"的方式解决。

分类：按某个字段进行分类，即将同类记录放在一起。因此，需要对指定字段进行"排序"。这是因为排序的本质就是分类。

汇总：排序后，按指定方式进行数据汇总。

（1）按"籍贯"排序。

（2）单击"数据"|"分级显示"|"分类汇总"按钮，打开"分类汇总"对话框，如图 3-64 所示。在"分类字段"下拉列表框中选择"籍贯"，在"汇总方式"下拉列表框中选择"计数"，在"选定汇总项"列表框中选择"籍贯"。同时选中对话框中的其他复选框，单击"确定"按钮，完成分类汇总。其结果如图 3-65 所示。

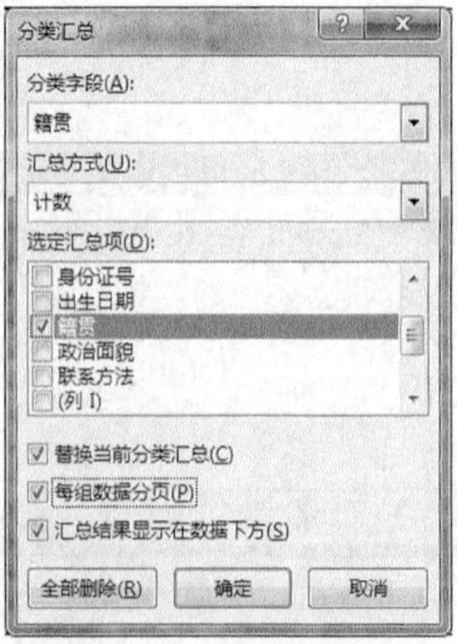

图 3-63 "排序选项"对话框

图 3-64 "分类汇总"设置

	A	B	C	D	E	F	G	H	I	J	K	L	M
1	学生信息表												
2	序号	姓名	性别	身份证号	出生日期	籍贯	政治面貌	联系方法		班级	学号	宿舍	计算机入学测试成绩
3								手机	邮箱				
9					山西省 计数	5							
27					河南省 计数	17							
32					甘肃省 计数	4							
41					福建省 计数	8							
52					北京市 计数	10							
53					总计数	44							

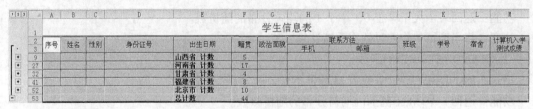

图 3-65　分类汇总结果

5. **筛选**

“筛选”就是按照给定条件将复杂的“大表”变成明晰的“小表”。

数据筛选的目的就是使用户能够快速地在数据清单的大量数据中提取出满足条件的有用数据，隐藏暂时没用的数据。

一旦筛选条件被撤销，这些数据又重新出现。

3.4　100 以内的加减法测试

3.4.1　案例说明

“宏”是很多同学感觉好奇，想知道又有点担心的知识点。我们的内容安排尊重教育规律，体现适宜性。以一个贴近学生生活的数学案例、反复生成 100 道以内的数学题来讲解宏和使用宏。

设计一个 100 以内的加减法运算自动判分表。要求系统自动产生若干道算术题，由学生回答。系统要给出正确、错误和未答题的数量并自动显示结果的正确与错误，如图 3-66 所示。

	A	B	C	D	E	F	G	H	I	J
1	加减法测试									
2	题号	算式				结果			未答	4
3	1	34	+	47	=	81	对		正确	15
4	2	26	+	13	=	39	对		错误	1
5	3	45	+	19	=	64	对			
6	4	20	+	38	=	58	对			
7	5	19	+	10	=	29	对			
8	6	21	+	16	=	37	对			
9	7	10	+	38	=	48	对			
10	8	17	+	15	=	32	对			
11	9	36	+	43	=	79	对			
12	10	10	+	34	=	44	对			
13	11	86	-	21	=	65	对			
14	12	59	-	31	=	28	对			
15	13	58	-	28	=	30	对			
16	14	30	-	29	=	1	对			
17	15	69	-	41	=	28	对			
18	16	86	-	49	=	1	错			
19	17	87	-	41	=					
20	18	74	-	26	=					
21	19	74	-	41	=					
22	20	48	-	25	=					

图 3-66　100 以内的加减法运算自动判分表

3.4.2　知识要点分析

1. **随机函数**

（1）RAND()函数。

格式：RAND()。

功能：返回一个大于等于 0，小于 1 的均匀分布的随机数。

注意：每当编辑工作表时便会重新计算数值。

（2）RANDBETWEEN()函数。

格式：RANDBETWEEN(数值 M,数值 N)。

功能：返回一个[M,N]范围内均匀分布的随机整数。

注意：如果该函数不可用，则应选择"文件"|"选项"命令，在打开的对话框中选择"加载项"选项卡，在"加载项"列表框中选择"分析工具库"选项，如图 3-67 所示。

图 3-67　选择"分析工具库"选项

2. 宏

宏是一个指令集，是一系列的命令和函数，用于运行用户指定的任务。宏类似于计算机程序，但它是完全运行于 Excel 之中的。用户可以使用"宏"来完成枯燥的、频繁的重复性工作。并且"宏"完成操作的速度比用户要快得多。

如果要在 Excel 中重复完成某项任务，那么可以用"宏"自动执行该操作，并且在需要执行该项操作时运行"宏"。Excel 可以通过单击"开发工具"|"代码"|"录制宏"按钮进行宏的录制，如图 3-68 所示。

在打开的"录制宏"对话框中，可以对"宏"进行命名，还可以给"宏"设置快捷键，如图 3-69 所示。

图 3-68　单击"录制宏"按钮

图 3-69　"录制宏"对话框

在确定操作结束后,选择"开发工具"|"代码"|"停止录制"命令,"宏"的录制完成,如图 3-70 所示。

当需要执行已经录制好的"宏"时,选择"开发工具"菜单下"代码"选项卡中的"宏"命令,打开"宏"对话框,选择所需要的"宏",并单击"执行"按钮,即可重复执行所需的操作,如图 3-71 所示。宏操作的结果如图 3-72 所示。

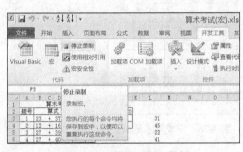

图 3-70 "停止录制"按钮

图 3-71 选择宏执行

图 3-72 宏操作结果

3.4.3 操作步骤

100 以内的加减法测试

1. 制作表格

输入表格信息,调整表格线及表头信息的格式。

2. 出题

(1)先利用随机函数生成加法算式的两列数据和减法算式的后一列数据。考虑到随机函数是每次运算都改变,因此我们需要有一个过渡。我们可以在 L 列选 10 个单元格,分别产生[10,49]区间的随机整数,如图 3-73 所示。

(2)选中 L 列的 10 个随机整数,单击"复制"按钮。再选择 B3:B12 单元格区域,打开"选择性粘贴"对话框,选中其中的"数值"单选按钮,如图 3-74 所示。单击"确定"按钮,关闭对话框。

图 3-73 生成随机整数

图 3-74 "选择性粘贴"对话框

(3)分别在 D3:D12 单元格区域、D13:D22 单元格区域,重复以上的生成随机整数并粘贴的操作,如图 3-75 所示。

(4)在 L 列选 10 个单元格,分别产生以第 D 列数据+1 为左端点,以 99 为右端点的随机整数。参照步骤(2)的操作,将其复制粘贴到 B13:B22 单元格区域,完成算术测试的命题操作,如图 3-76 所示。

	A	B	C	D	E	F	G	H	I	J
1			加减法测试							
2	题号		算式			结果		未答		20
3	1	23	+	37	=			正确		
4	2	12	+	16	=			错误		
5	3	27	+	39	=					
6	4	27	+	40	=					
7	5	22	+	39	=					
8	6	28	+	36	=					
9	7	44	+	36	=					
10	8	28	+	37	=					
11	9	15	+	19	=					
12	10	34	+	40	=					
13	11		−	15	=					
14	12		−	29	=					
15	13		−	48	=					
16	14		−	12	=					
17	15		−	42	=					
18	16		−	26	=					
19	17		−	46	=					
20	18		−	11	=					
21	19		−	32	=					
22	20		−	35	=					

图 3-75 选择区域粘贴操作

	A	B	C	D	E	F	G	H	I	J
1			加减法测试							
2	题号		算式			结果		未答		20
3	1	23	+	37	=			正确		
4	2	12	+	16	=			错误		
5	3	27	+	39	=					
6	4	27	+	40	=					
7	5	22	+	39	=					
8	6	28	+	36	=					
9	7	44	+	36	=					
10	8	28	+	37	=					
11	9	15	+	19	=					
12	10	34	+	40	=					
13	11	45	−	15	=					
14	12	81	−	29	=					
15	13	56	−	48	=					
16	14	44	−	12	=					
17	15	87	−	42	=					
18	16	87	−	26	=					
19	17	92	−	46	=					
20	18	94	−	11	=					
21	19	97	−	32	=					
22	20	55	−	35	=					

图 3-76 完成算术测试命题操作

3. 自动评判

（1）在 G 列给出"对""错"的判断。

① 在 G3 单元格输入公式"=IF(F3="","",IF(B3+D3=F3,"对","错"))"，用来判断加法运算的结果，并向下填充至 G12 单元格。

② 在 G13 单元格输入公式"=IF(F13="","",IF(B13-D13=F13,"对","错"))"，用来判断减法运算的结果，并向下填充至 G22 单元格。

（2）统计没有作答的题目数量及对错情况。

① 在 J2 单元格输入公式"=COUNTIF(G3:G22,"")"，用来统计没有作答的题目数量。

② 在 J3 单元格输入公式"=IF(J2=20,"",COUNTIF(G3:G22,"对"))"，用来统计答对的题目数量。

③ 在 J4 单元格输入公式"=IF(J3="","",20-J3-J2)"，用来统计答错的题目数量。

至此，整个"100 以内加减法测试"的设计就完成了，我们可以将光标定位在 F3 单元格中开始测试。图 3-77 所示的界面就是一次完整的测试结果。

	A	B	C	D	E	F	G	H	I	J
1			加减法测试							
2	题号		算式			结果		未答		0
3	1	34	+	47	=	81	对	正确		18
4	2	26	+	13	=	39	对	错误		2
5	3	45	+	19	=	64	对			
6	4	20	+	38	=	58	对			
7	5	19	+	10	=	29	对			
8	6	21	+	16	=	37	对			
9	7	10	+	38	=	48	对			
10	8	17	+	15	=	32	对			
11	9	36	+	43	=	79	对			
12	10	10	+	34	=	44	对			
13	11	86	−	21	=	65	对			
14	12	59	−	31	=	28	对			
15	13	58	−	28	=	30	对			
16	14	30	−	29	=	1	对			
17	15	69	−	41	=	28	对			
18	16	86	−	49	=	1	错			
19	17	87	−	41	=	12	错			
20	18	74	−	26	=	48	对			
21	19	74	−	41	=	33	对			
22	20	48	−	25	=	23	对			

图 3-77 "100 以内加减法测试"结果

4. 重复出题

如果这个测试要进行多次，我们可以借助"宏"来处理。

打开"录制宏"对话框，为了后续操作方便，我们还可以为这个"宏"添加一个快捷键，例如，Ctrl+Shift+Q 组合键。如图 3-69 所示，单击"确定"按钮后完成如下操作：

（1）选择 F3:F22 单元格区域，将其内容清空。

（2）选择 L3:L12 单元格区域，单击"复制"按钮。再选择 B3:B12 单元格区域，打开"选择性粘贴"对话框，选中其中的"数值"单选按钮，如图 3-74 所示，单击"确定"按钮。

（3）分别选择 D3:D12 单元格区域、D13:D22 单元格区域，重复以上的粘贴操作，如图 3-75 所示。

（4）选择 L13:L22 单元格区域，单击"复制"按钮。用类似以上的操作，将其复制粘贴到 B13:B22 单元格区域。

（5）将光标定位在 F3 单元格。

（6）单击"开发工具"|"代码"|"停止录制"按钮结束宏的录制。

当需要重复出题的时候，执行录制的"宏"就可以完成全部出题操作。

3.5　制作货物出库单

3.5.1　案例说明

制作图 3-78 所示的"出库单"，要求：

（1）"货号"字段由下拉列表框选择输入。

（2）当"货号"字段的值输入完成后，"商品"和"单价"字段的值自动填充。

（3）"数量"字段应该是大于等于 1 的整数。

（4）"小计"字段的值自动填充，同时"合计"的值不能超过 999999.99。

（5）将"小计"字段各个位的值拆开，自动填充到"金额"项的相应字段。

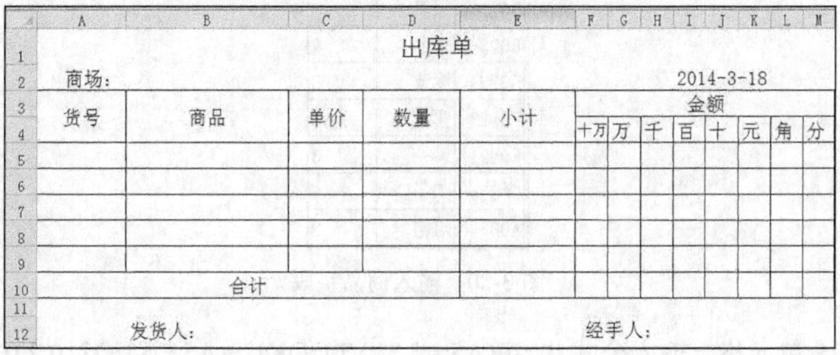

图 3-78　出库单

3.5.2　知识要点分析

在本案例中，需要使用到字符串等常用函数（参见 3.3.2 小节）和单元格区域命名（参见 2.2.2 小节）。这些内容，我们之前都已经有所介绍了。因此，在这里就不再赘述了。

3.5.3 操作步骤

货物出库单的制作

1. 制作表格

输入表格信息，调整表格线及表头信息的格式。

2. 单元格设置

选择"文件"|"选项"命令，打开"Excel 选项"对话框，单击"高级"选项卡，取消选择"显示网格线"复选框，如图 3-79 所示。

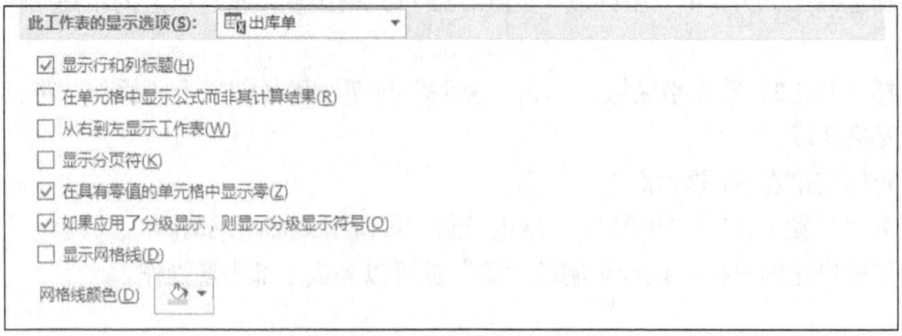

此工作表的显示选项(S)：　出库单

☑ 显示行和列标题(H)
☐ 在单元格中显示公式而非其计算结果(R)
☐ 从右到左显示工作表(W)
☐ 显示分页符(K)
☑ 在具有零值的单元格中显示零(Z)
☑ 如果应用了分级显示，则显示分级显示符号(O)
☐ 显示网格线(D)

网格线颜色(D)：

图 3-79　取消选择"显示网格线"复选框

3. "货号""商品"和"单价"字段的设置

（1）选择工作表中另外一个区域，输入所有商品的"货号""商品"和"单价"，如图 3-80 所示。

（2）选中 A5:A9 单元格区域，单击"数据"|"数据工具"|"数据验证"按钮，打开"数据验证"对话框。在"设置"选项卡的"允许"下拉列表框中选择"序列"选项，在"来源"文本框中选择"O3:O10"单元格区域。

O	P	Q
货号	商品	单价
H0512	笔记本	8.6
B0211	笔芯	1.28
B0234	铅笔	2
D0124	橡皮	1.5
E0123	直尺	3
F0421	筷子	3
G0324	勺子	5
A0354	灯泡	6.8

图 3-80　输入商品字段

（3）选择 B5 单元格，输入公式"=IF(A5="","",VLOOKUP(A5,O$3:Q$10,2,0))"，按 Enter 键后向下填充至 B9 单元格。

（4）选择 C5 单元格，输入公式"=IF(A5="","",VLOOKUP(A5,O$3:Q$10,3,0))"，按 Enter 键后向下填充至 C9 单元格。

4. "数量"字段的设置

选择 D5:D9 单元格区域，打开"数据验证"对话框，将其设置为大于等于 1 的整数。

5. "小计"字段的计算

选择 E5 单元格，输入公式"=IF(D5=0,"",C5*D5)"，按 Enter 键后向下填充至 E9 单元格。

6. "合计"字段的计算

为方便公式的编写，先将"小计"项的求和定义名称为"Total"。然后，选择 E10 单元格，输入公式"=IF(Total=0,"",IF(Total>999999.99,"数据太大",Total))"。

7. "金额"的设置

将"小计"字段值的各个位分离出来，分别显示在不同的单元格中。其中"分""角""元"三列数据是一定有的。

"分"：选择 M5 单元格，输入公式"=IF(E5="","",RIGHT(TEXT(E5,"#.00"),1))"，按 Enter 键后向下填充至 M10 单元格。

"角"：选择 L5 单元格，输入公式"=IF(E5="","",MID(TEXT(E5,"#.00"),LEN(TEXT(E5,"#.00"))-1,1))"，按 Enter 键后向下填充至 L10 单元格。

"元"：选择 K5 单元格，输入公式

"=IF(E5="","",MID(TEXT(E5,"#.00"),LEN(TEXT(E5,"#.00"))-3,1))"，按 Enter 键后向下填充至 K10 单元格。

而"十""百""千"等几列数据需要判断：

"十"：选择 J5 单元格，输入公式"=IF(E5="","",IF(LEN(TEXT(E5,"#.00"))>4,MID(TEXT(E5,"#.00"),LEN(TEXT(E5,"#.00"))-4,1),""))"，按 Enter 键后向下填充至 J10 单元格。

"百"：选择 I5 单元格，输入公式"=IF(E5="","",IF(LEN(TEXT(E5,"#.00"))>5,MID(TEXT(E5,"#.00"),LEN(TEXT(E5,"#.00"))-5,1),""))"，按 Enter 键后向下填充至 I10 单元格。

"千"：选择 H5 单元格，输入公式"=IF(E5="","",IF(LEN(TEXT(E5,"#.00"))>6,MID(TEXT(E5,"#.00"),LEN(TEXT(E5,"#.00"))-6,1),""))"，按 Enter 键后向下填充至 H10 单元格。

"万"：选择 G5 单元格，输入公式"=IF(E5="","",IF(LEN(TEXT(E5,"#.00"))>7,MID(TEXT(E5,"#.00"),LEN(TEXT(E5,"#.00"))-7,1),""))"，按 Enter 键后向下填充至 G10 单元格。

"十万"：选择 F5 单元格，输入公式"=IF(E5="","",IF(LEN(TEXT(E5,"#.00"))=9,LEFT(E5,1),""))"，按 Enter 键后向下填充至 F10 单元格。

思考：请大家思考以下两个问题，将"出库单"修改为如图 3-81 所示的样式。

（1）"合计"金额前面的人民币符号"￥"如何添加？

（2）如何在单元格中显示人民币大写？

	A	B	C	D	E	F	G	H	I	J	K	L	M
1				出库单									
2	商场:												
3	货号	商品	单价	数量	小计		金额						
4							十	万	千	百	十	元	角	分
5	H0512	笔记本	8.6	100	860.00			￥	8	6	0	0	0
6	B0211	笔芯	1.28	1	1.28						￥	1	2	8
7	E0123	直尺	3	120	360.00			￥	3	6	0	0	0
8													
9													
10	合计	壹仟贰佰贰拾壹元贰角捌分			1221.28		￥	1	2	2	1	2	8
11													
12	开票人:					收款人:							

图 3-81 "出库单"修改样式

3.6 分析销售数据

3.6.1 案例说明

本案例是一个公司的销售明细，通过常用统计函数的使用可对销售数据进行分析，如平均销售业绩、销售排名、销售业绩优秀、销售业绩达标、销售业绩段的人数等。销售统计表如图 3-82 所示，常用统计函数数据分析如图 3-83 所示。

2013年上半年销售统计表

编号	姓名	一月份	二月份	三月份	四月份	五月分	六月份	总销售额	排名	百分比排名	部门
XS28	程小丽	66,500	92,500	95,500	98,000	86,500	71,000	510,000	3	0.95	销售（1）部
XS7	张艳	73,500	91,500	64,500	93,500	84,000	87,000	494,000	10	0.79	销售（1）部
XS41	卢红	75,500	62,500	87,000	94,500	78,000	91,000	488,500	13	0.72	销售（1）部
XS1	刘丽	79,500	98,500	68,000	100,000	96,000	66,000	508,000	5	0.9	销售（1）部
XS15	杜月	82,050	63,500	90,500	97,000	65,150	99,000	497,200	9	0.81	销售（1）部
XS30	张成	82,500	78,000	81,000	96,500	96,500	57,000	491,500	11	0.76	销售（1）部
XS29	卢红燕	84,500	71,000	99,500	89,500	84,500	58,000	487,000	14	0.69	销售（1）部
XS17	李佳	87,500	63,500	67,500	98,500	78,500	94,000	489,500	12	0.74	销售（1）部
SC14	杜月红	88,000	82,500	83,000	75,500	62,000	85,000	476,000	18	0.6	销售（2）部
SC39	李成	92,000	64,000	97,000	93,000	75,000	93,000	514,000	2	0.97	销售（2）部
XS26	张红军	93,000	71,500	92,000	96,500	87,000	61,000	501,000	7	0.86	销售（2）部
XS8	李诗诗	93,050	85,500	77,000	81,000	95,000	78,000	509,550	4	0.93	销售（2）部
XS6	杜乐	96,000	72,500	100,000	86,000	62,000	87,500	504,000	6	0.88	销售（2）部
XS44	刘大为	96,500	86,500	90,500	94,000	99,500	70,000	537,000	1	1	销售（1）部
XS38	唐艳霞	97,500	76,000	72,000	92,500	84,500	78,000	500,500	8	0.83	销售（1）部
XS34	张恬	56,000	77,500	85,000	83,000	74,500	79,000	455,000	27	0.39	销售（2）部
XS22	李丽敏	58,500	90,000	88,500	97,000	72,000	65,000	471,000	21	0.53	销售（2）部
XS2	马燕	63,000	99,500	78,500	63,150	79,500	65,500	449,150	30	0.32	销售（2）部
XS43	张小丽	69,000	89,500	92,500	73,000	58,500	96,500	479,000	15	0.67	销售（2）部
XS20	刘艳	72,500	74,500	60,500	87,000	77,000	78,000	449,500	29	0.34	销售（2）部
XS2	彭旸	74,000	72,500	67,000	94,000	78,000	90,000	475,500	19	0.58	销售（2）部
XS7	范俊第	75,500	72,500	75,000	92,000	86,000	55,000	456,000	26	0.41	销售（2）部
SC11	杨伟健	76,500	70,000	64,000	75,000	87,000	78,000	450,500	28	0.37	销售（2）部
XS19	马路刚	77,000	60,500	66,500	84,000	98,000	93,000	478,550	16	0.65	销售（2）部

销售业绩表

图 3-82 销售统计表

部门		一月份	二月份	三月份	四月份	五月份	六月份	
销售（1）部	平均销售额	79,820	75,706	77,922	81,197	75,738	75,886	
销售（1）部	优秀率	50.0%	29.5%	45.5%	59.1%	34.1%	38.6%	
销售（1）部	达标率	95.5%	93.2%	97.7%	90.9%	93.2%	90.9%	
销售（1）部	前三名	97,500	99,500	100,000	100,000	99,500	99,000	
销售（1）部		97,000	98,500	99,500	100,000	98,000	96,500	
销售（1）部		96,500	97,500	97,000	98,500	96,500	94,000	
销售（1）部	后三名	56,000	55,500	57,000	57,000	57,000	55,000	
销售（1）部		58,500	57,500	60,500	57,000	57,000	57,000	
销售（2）部		62,500	59,500	61,000	57,500	58,500	58,000	
销售（1）部	中值分数	80,000	73,750	77,500	83,500	76,000	77,250	
销售（1）部	众数分数	75,500	63,500	85,000	81,000	62,000	85,000	
销售（1）部								
销售（1）部	人数	一月份	二月份	三月份	四月份	五月份	六月份	销售额
销售（1）部	销售（1）部	15	84,573.3	77,766.7	84,966.7	92,233.3	82,043.3	79,133.3	501,716.7
销售（1）部	销售（2）部	15	78,266.7	81,100.0	74,503.3	81,643.3	73,286.7	76,033.3	464,833.3
销售（2）部	销售（3）部	14	76,392.9	67,717.9	74,035.7	68,892.9	71,607.1	72,250.0	431,896.4
销售（2）部								
销售（2）部								
销售（1）部			一月份	二月份	三月份	四月份	五月份	六月份	
销售（2）部	销	6万以下	2	3	1	4	3	4	
销售（2）部	售	6万-7万	7	11	12	8	12	12	
销售（1）部	段	7万-8万	13	17	11	6	13	11	
销售（2）部	人	8万-9万	11	4	12	7	11	10	
销售（2）部	数	9万以上	11	9	8	19	5	7	

图 3-83 常用统计函数数据分析

3.6.2 知识要点分析

在本案例中，主要使用到一些常用的函数。这些内容，我们之前都已经有所介绍了。因此，我们在这里就不再赘述了。

3.6.3 操作步骤

1. 汇总销售数据总排名

操作步骤如下：

该部分操作的原始数据如图 3-84 所示。

编号	姓名	一月份	二月份	三月份	四月份	五月分	六月份	总销售额	排名	百分比排名	部门
XS28	程小丽	66500	92500	95500	98000	86500	71000				
XS7	张艳	73500	91500	64500	93500	84000	87000				
XS41	卢红	75500	62500	87000	94500	78000	91000				
XS1	刘丽	79500	98500	68000	100000	96000	66000				
XS15	杜月	82050	68500	90500	97000	65150	99000				
XS30	张成	82500	78000	81000	96500	96500	57000				
XS29	卢红燕	84500	71000	99500	89500	84500	58000				
XS17	李佳	87500	63500	67500	98500	78500	94000				
SC14	杜月红	88000	82500	83000	75500	62000	85000				
SC39	李成	92000	64000	97000	93000	75000	93000				
XS26	张红军	93000	71500	92000	96500	87000	61000				
XS8	李诗诗	93050	85500	77000	81000	95000	78000				
XS6	杜乐	96000	72500	100000	86000	62000	87500				
XS44	刘大为	96500	86500	90500	94000	99500	70000				
XS38	唐艳霞	97500	76000	72000	92500	84500	78000				
XS34	张恬	56000	77500	85000	83000	74500	79000				
XS22	李丽敏	58500	90000	88500	97000	72000	65000				
XS2	马燕	63000	99500	78500	63150	79500	65500				
XS43	张小丽	69000	89500	92500	73000	58500	96500				
XS20	刘艳	72500	74500	60500	87000	77000	78000				
XS2	彭旸	74000	72500	67000	94000	78000	90000				
XS7	范俊第	75500	72500	75000	92000	86000	55000				
SC11	杨伟健	76500	70000	64000	75000	87000	78000				
XS19	马路刚	77000	60500	66050	84000	98000	93000				

图 3-84 汇总销售数据

（1）在 I3 单元格输入公式 "=SUM(C3:H3)"，按 Enter 键，选择该单元格右下角的填充柄，通过拖曳可计算出每个员工的总销售额。

（2）在 J3 单元格输入公式 "=RANK(I3,I\$3:I\$46,0)"，按 Enter 键后将公式按上述方法向下复制，对数据进行降序排位。

（3）在 K3 单元格输入公式 "=PERCENTRANK(I\$3:I\$46,I3,2)"，按 Enter 键后将公式按上述方法向下复制，对数据进行百分比排位。

（4）设置判断条件，排名前 15 的划归到销售（1）部，排名 16 至 30 的划归到销售（2）部，剩下排名的划归到销售（3）部。按照该条件，在 L3 单元格输入公式 "=IF(J3<=15,"销售（1）部",IF(J3<=30,"销售（2）部","销售（3）部"))"，将公式按上述方法向下复制，计算出所属部门。完成部分效果图如图 3-85 所示。

（5）在 P2:U2 单元格区域依次输入 "一月份" 到 "六月份"。在 O3:O6 单元格区域中，依次输入 "平均销售额" "优秀率" "达标率" 和 "前三名"。在其他单元格输入相应的数据，如图 3-86 所示。设置 P3:U3 和 P6:U13 单元格区域的格式，单击 "开始" | "数字" | "分类" 右侧的按钮，在下拉列表框中选择 "货币"，将 "小数位数" 设置为 "0"，货币符号设置为 "无"。

（6）在 P3 单元格中输入公式 "=AVERAGE(C3:C46)"，按 Enter 键后并向右填充到 U3 单元格，求出每月的平均销售额。

（7）在 P4 单元格中输入公式 "=COUNTIF(C3:C46,">=80000")/COUNTA(C3:C46)"，按 Enter 键后并向右填充到 U4 单元格，求出每月的优秀率。

（8）在 P5 单元格中输入公式 "=COUNTIF(C3:C46,">=60000")/COUNTA(C3:C46)"，按 Enter 键后并向右填充到 U4 单元格，求出每月的达标率。

（9）在 P6 单元格中输入公式 "=MAX(C3:C46)"，按 Enter 键后并向右填充到 U6 单元格，求出每月第一名的销售额。

（10）在 P7 单元格中输入公式 "=LARGE(C3:C46,2)"，按 Enter 键后并向右填充到 U7 单元格，求出每月第二名的销售额。

（11）在 P8 单元格中输入公式 "=LARGE(C3:C46,3)"，按 Enter 键后并向右填充到 U8 单元格，求出每月第三名的销售额。

（12）在 P9 单元格中输入公式 "=MIN(C3:C46)"，并按 Enter 键后向右填充到 U9 单元格，求出每月倒数第一名的销售额。

图 3-85　计算出所属部门

图 3-86　单元格输入相应的数据

（13）在 P10 单元格中输入公式 "=SMALL(C3:C46,2)"，按 Enter 键后并向右填充到 U10 单元格，求出每月倒数第二名的销售额。

（14）在 P11 单元格中输入公式 "=SMALL(C3:C46,3)"，按 Enter 键后并向右填充到 U11 单元格，求出每月倒数第三名的销售额。

（15）在 P12 单元格中输入公式“=MEDIAN(C3:C46)”，按 Enter 键后并向右填充到 U12 单元格，求出每月的中值分数，即销售额居中的数据。

（16）在 P13 单元格中输入公式“=MODE(C3:C46)”，按 Enter 键后并向右填充到 U13 单元格，求出每月的众数分数，即销售额出现频率最多的数据，如图 3-87 所示。

P13　　=MODE(C3:C46)

	L	M	N	O	P	Q	R	S	T	U
1	上半年销售									
2	部门				一月份	二月份	三月份	四月份	五月份	六月份
3	销售（1）部			平均销售额	79,820	75,706	77,922	81,197	75,738	75,886
4	销售（1）部			优秀率	0.5	0.295455	0.454545	0.590909	0.340909	0.386364
5	销售（1）部			达标率	95.5%	93.2%	97.7%	90.9%	93.2%	90.9%
6	销售（1）部			前三名	97,500	99,500	100,000	100,000	99,500	99,000
7	销售（1）部				97,000	98,500	99,500	100,000	98,000	96,500
8	销售（1）部				96,500	97,500	97,000	98,500	96,500	94,000
9	销售（1）部			后三名	56,000	55,500	57,000	57,000	57,000	55,000
10	销售（1）部				58,500	57,500	60,500	57,000	57,000	57,000
11	销售（2）部				62,500	59,500	61,000	57,500	58,500	58,000
12	销售（1）部			中值分数	80,000	73,750	77,500	83,500	76,000	77,250
13	销售（1）部			众数分数	75,500	63,500	85,000	81,000	62,000	85,000

图 3-87　计算销售额出现频率最多的数据

2. 对每个部门的情况进行统计分析

（1）制作相应的表头。在 O16:O18 单元格区域分别输入销售（1）部、销售（2）部和销售（3）部，在 P15 单元格输入“人数”，在 Q15:V15 单元格区域分别输入“一月份”到“六月份”，在 W15 单元格输入“销售额”。

（2）在 P16 单元格中输入公式“=COUNTIF ($L$3:$L$46=$O16)”，按 Enter 键后向下填充，计算出每个部门的人数。

（3）在 Q16 单元格中输入公式“=SUMIF($L$3:$L$46, $O16,C$3:C$46)/$P16”，按 Enter 键后向下向右填充，计算出每月每个部门的平均销售额。

（4）在 W16 单元格中输入公式“=SUM($Q16: $V16)”，按 Enter 键后向下填充，计算出每个部门上半年的销售总额。完成效果如图 3-88 所示。

L	M	N	O	P	Q	R	S	T	U	V	W
销售（1）部			平均销售额	79,820	75,706	77,922	81,197	75,738	75,886		
销售（1）部			优秀率	50.0%	29.5%	45.5%	59.1%	34.1%	38.6%		
销售（1）部			达标率	95.5%	93.2%	97.7%	90.9%	93.2%	90.9%		
销售（1）部			前三名	97,500	99,500	100,000	100,000	99,500	99,000		
销售（1）部				97,000	98,500	99,500	100,000	98,000	96,500		
销售（1）部				96,500	97,500	97,000	98,500	96,500	94,000		
销售（1）部			后三名	56,000	55,500	57,000	57,000	57,000	55,000		
销售（1）部				58,500	57,500	60,500	57,000	57,000	57,000		
销售（2）部				62,500	59,500	61,000	57,500	58,500	58,000		
销售（1）部			中值分数	80,000	73,750	77,500	83,500	76,000	77,250		
销售（1）部			众数分数	75,500	63,500	85,000	81,000	62,000	85,000		
销售（1）部											
销售（1）部				人数	一月份	二月份	三月份	四月份	五月份	六月份	销售额
销售（1）部			销售（1）部	15	84573.33	77766.67	84966.67	92233.33	82043.33	79133.33	500716.667
销售（1）部			销售（2）部	15	78266.67	81100	74503.33	81643.33	73286.67	76033.33	464833.333
销售（2）部			销售（3）部	14	76392.86	67717.86	74035.71	68892.86	71607.14	72250	430896.429

图 3-88　计算每个部门上半年的销售总额

3. 统计销售段人数

操作步骤如下：

（1）在 Q22 单元格中输入公式“=COUNTIF(C3:C46,"<60000")”，按 Enter 键后并向右填充，

统计出一月份到六月份 6 万以下的人数。

（2）在 Q23 单元格中输入公式“=COUNTIF(C3:C46,">=60000")-COUNTIF(C3:C46,">=70000")”，按 Enter 键后并向右填充，统计出一月份到六月份 6 万～7 万的人数。

（3）在 Q24 单元格中输入公式“=COUNTIF(C3:C46,">=70000")-COUNTIF(C3:C46,">=80000")”，按 Enter 键后并向右填充，统计出一月份到六月份 7 万～8 万的人数。

（4）在 Q25 单元格中输入公式“=COUNTIF(C3:C46,">=80000")-COUNTIF(C3:C46,">=90000")”，按 Enter 键后并向右填充，统计出一月份到六月份 8 万～9 万的人数。

（5）在 Q26 单元格中输入公式“=COUNTIF(C3:C46," >=90000")”，按 Enter 键后并向右填充，统计出一月份到六月份 9 万以上的人数。完成后的数据表如图 3-89 所示。

在年度销售记录表中，需要统计每个销售段的人数。使用统计函数可以统计在某个销售段的人数的方法。

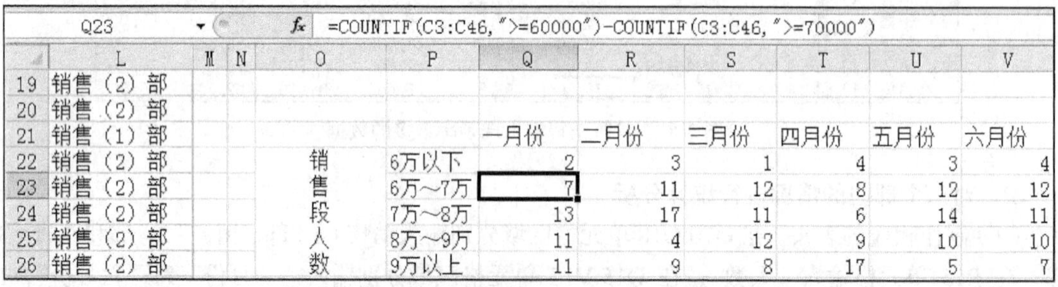

Q23 =COUNTIF(C3:C46,">=60000")-COUNTIF(C3:C46,">=70000")

	L	M	N	O	P	Q	R	S	T	U	V
19	销售（2）部										
20	销售（2）部										
21	销售（1）部					一月份	二月份	三月份	四月份	五月份	六月份
22	销售（2）部			销	6万以下	2	3	1	4	3	4
23	销售（2）部			售	6万～7万	7	11	12	8	12	12
24	销售（2）部			段	7万～8万	13	17	11	6	14	11
25	销售（2）部			人	8万～9万	11	4	12	9	10	10
26	销售（2）部			数	9万以上	11	9	8	17	5	7

图 3-89　统计出一月份到六月份 9 万以上的人数

（6）对数据表的单元格格式进行设置，最后即可得到图 3-90 所示的效果。

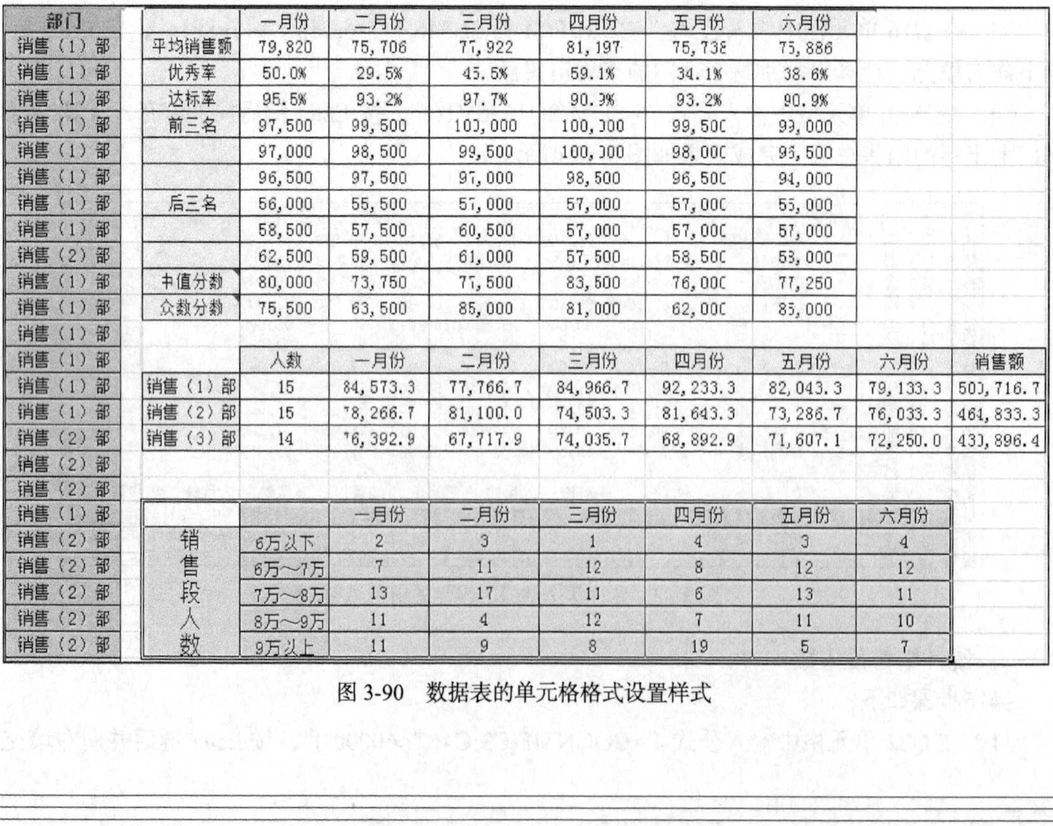

部门
销售（1）部
销售（1）部
销售（1）部
销售（1）部
销售（1）部
销售（1）部
销售（1）部
销售（1）部
销售（2）部
销售（1）部
销售（1）部
销售（1）部
销售（1）部
销售（1）部
销售（1）部
销售（2）部
销售（2）部
销售（2）部
销售（1）部
销售（2）部
销售（2）部
销售（2）部
销售（2）部
销售（2）部

	一月份	二月份	三月份	四月份	五月份	六月份
平均销售额	79,820	75,706	77,922	81,197	75,738	75,886
优秀率	50.0%	29.5%	45.5%	59.1%	34.1%	38.6%
达标率	95.5%	93.2%	97.7%	90.9%	93.2%	90.9%
前三名	97,500	99,500	100,000	100,000	99,500	99,000
	97,000	98,500	99,500	100,000	98,000	95,500
	96,500	97,500	97,000	98,500	96,500	94,000
后三名	56,000	55,500	57,000	57,000	57,000	55,000
	58,500	57,500	60,500	57,000	57,000	57,000
	62,500	59,500	61,000	57,500	58,500	53,000
中值分数	80,000	73,750	77,500	83,500	76,000	77,250
众数分数	75,500	63,500	85,000	81,000	62,000	85,000

	人数	一月份	二月份	三月份	四月份	五月份	六月份	销售额
销售（1）部	15	84,573.3	77,766.7	84,966.7	92,233.3	82,043.3	79,133.3	500,716.7
销售（2）部	15	78,266.7	81,100.0	74,503.3	81,643.3	73,286.7	76,033.3	464,833.3
销售（3）部	14	76,392.9	67,717.9	74,035.7	68,892.9	71,607.1	72,250.0	430,896.4

		一月份	二月份	三月份	四月份	五月份	六月份
销	6万以下	2	3	1	4	3	4
售	6万～7万	7	11	12	8	12	12
段	7万～8万	13	17	11	6	13	11
人	8万～9万	11	4	12	7	11	10
数	9万以上	11	9	8	19	5	7

图 3-90　数据表的单元格格式设置样式

对每月份每个销售段人数的统计还可以用 DCOUNT() 函数。如果在数据表设置图 3-91 所示的条件，则我们在求二月份 6 万以下的员工人数时，可以在 R22 单元格输入公式 "=DCOUNT(D$2:D$46,"二月份",X41:Y42)"，同理也可以求出其他单元格中的值。

	W	X	Y	Z
40				
41		二月份	二月份	分隔点
42		>=0	<60000	59000
43		二月份	二月份	69000
44		>=60000	<70000	79000
45		二月份	二月份	89000
46		>=70000	<80000	100000
47		二月份	二月份	
48		>=80000	<90000	
49		二月份	二月份	
50		>=90000	<=100000	

图 3-91　对每月份每个销售段人数的统计

同样，也可以用 FREQUENCY() 函数来实现。比如我们求三月份不同销售段的人数，先选中 S42:S46 单元格区域，输入数组公式 "=FREQUENCY(E3:E46,$Z$42:$Z$46)" 即可。

3.7　随机生成考试座位号

在各种考试中，考生需要对照自己的准考证号对号入座，这时需要为考生分配考试座位号。图 3-92 所示为学生的原始记录，共有 379 条记录。

	A	B	C
1	学号	姓名	
2	2010090101	黄松松	
3	2010090102	梁淑祺	
4	2010090103	陈夏燕	
5	2010090104	李韵诗	
6	2010090105	麦倩娴	
7	2010090106	谢雯	
8	2010090107	江振斯	
9	2010090108	柳洁云	
10	2010090109	潘俊锋	
11	2010090110	冯念茵	
12	2010090111	刘嘉妤	
13	2010090112	李婷	
14	2010090113	叶宝莲	
15	2010090114	李伟芳	
16	2010090115	李宇轩	
17	2010090116	叶敏仪	
18	2010090117	吴翔熙	
19	2010090118	施双双	
20	2010090119	冯丽宜	
21	2010090120	何嘉俊	
22	2010090121	吴家惠	
23	2010090122	朱江凝	
24	2010090123	刘定志	
25	2010090124	黎秋霞	
26	2010090125	张柳兴	
27	2010090126	邵颖然	

图 3-92　学生的原始记录

3.7.1 案例说明

本例中，我们先用随机函数生成 0～1 的随机数，再利用 RANK()函数生成随机名次，然后利用公式为每个考场随机分配 50 名考生。

3.7.2 知识要点分析

函数 INDEX()的功能和用法如下。

功能：返回表格或区域中的值或值的引用。函数 INDEX()有两种形式，数组形式和引用形式。数组形式通常返回数值或数值数组；引用形式通常返回引用。

语法：INDEX(array,row_num,column_num)返回数组中指定的单元格或单元格数组的数值。INDEX(reference, row_num,column_num,area_num)返回引用中指定单元格或单元格区域的引用。

参数：array 为单元格区域或数组常数；row_num 为数组中某行的序号，函数从该行返回数值。如果省略 row_num，则必须有 column_num；column_num 为数组中某列的序号，函数从该列返回数值。同理没有 column_num，则必须有 row_num。reference 是对一个或多个区域引用，如果为引用输入一个不连续的选定区域，必须用括号括起来。area_num 是选择引用中的一个区域，并返回该区域中 row_num 和 column_num 的交叉区域。选中或输入的第一个区域序号，第二个区域序号，依此类推。数组形式和这相似，只不过返回的是一行、一列或交叉区域的值，但必须以数组的形式输入公式。

3.7.3 操作步骤

（1）在 C1 和 D1 单元格中分别输入"随机"和"随机名次"。

（2）在 C2 单元格输入公式"=RAND()"，按 Enter 键后并向下填充到 C380 单元格。

（3）在 D2 单元格输入公式"=RANK(C2,C$2:C$380)"，按 Enter 键后并向下填充到 D380 单元格，如图 3-93 所示。

	A	B	C	D	E
	学号	姓名	随机	随机名次	
2	2010090101	黄松松	0.489638702	203	
3	2010090102	梁湘祺	0.125556252	329	
4	2010090103	陈夏燕	0.9367	23	
5	2010090104	李韵诗	0.84476859	63	
6	2010090105	麦倩娴	0.932346018	26	
7	2010090106	谢雯	0.390441603	224	
8	2010090107	江振斯	0.933839181	25	
9	2010090108	柳洁云	0.129186173	328	
10	2010090109	潘俊锋	0.261705812	268	
11	2010090110	冯念茵	0.477166901	204	
12	2010090111	刘嘉妤	0.899793374	44	
13	2010090112	李桦	0.613188017	156	
14	2010090113	叶宝莲	0.652174883	142	
15	2010090114	李伟芳	0.525631146	186	
16	2010090115	李宇轩	0.615693391	154	
17	2010090116	叶敏仪	0.644100112	147	
18	2010090117	吴相熳	0.520266618	193	
19	2010090118	施欢双	0.760067728	94	
20	2010090119	冯丽宜	0.165558674	318	
21	2010090120	何嘉俊	0.510253713	195	
22	2010090121	吴家惠	0.788673512	83	
23	2010090122	朱江凝	0.835591738	64	
24	2010090123	刘定志	0.117853732	331	
25	2010090124	黎秋霞	0.639587608	150	
26	2010090125	张柳兴	0.937200952	22	

图 3-93 输入公式并向下填充

（4）在 F1 单元格输入"考号"，在 G1:N1 单元格区域分别输入第一考场到第八考场（共 379 考生，需 8 个考场）。

（5）分别在 F2、F3 单元格输入 1 和 2，选择这两个单元格后向下填充到 50（假设每个考场有 50 个考生）。

（6）在 G2 单元格输入公式"=INDEX($B$2:$B$380,MATCH((COLUMN()-7)*50+$F2,$D$2:$D$380,0)) &INDEX($A$2:$A$380,MATCH((COLUMN()-7)*50+$F2,$D$2:$D$380,0))"，按 Enter 键后并向下向右填充到 N51 单元格。完成考生座位号分配，如图 3-94 所示。G2 单元格中输入公式的作用是在 G2 单元格同时显示学生的"姓名"和"学号"。

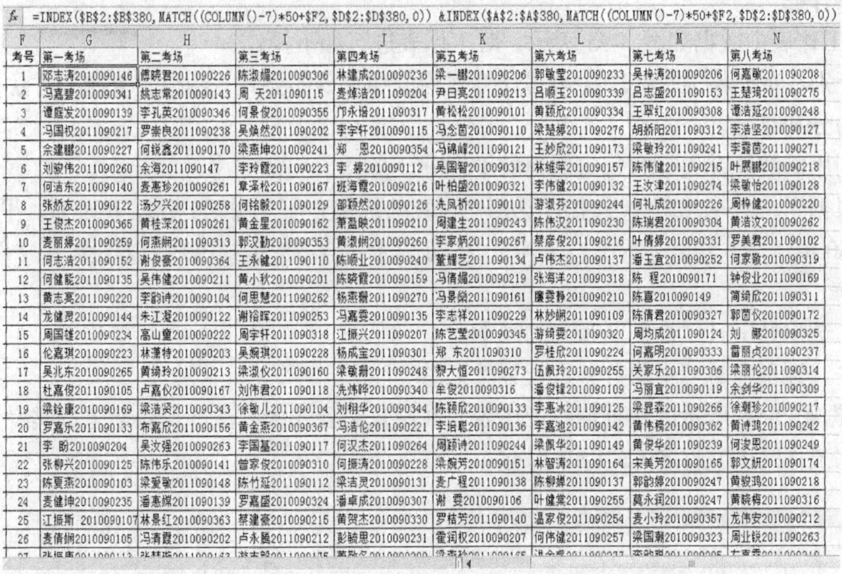

=INDEX($B$2:$B$380,MATCH((COLUMN()-7)*50+$F2,$D$2:$D$380,0)) &INDEX($A$2:$A$380,MATCH((COLUMN()-7)*50+$F2,$D$2:$D$380,0))

F	G	H	I	J	K	L	M	N
考号	第一考场	第二考场	第三考场	第四考场	第五考场	第六考场	第七考场	第八考场
1	邓志清2010090146	傅晓君2011090226	陈淑媚2010090306	林建成2010090236	梁一鹏2011090206	郭敏莹2010090233	吴梓涛2010090206	何嘉敏2011090208
2	冯嘉碧2010090341	姚志常2010090143	周　天2011090115	麦焯浩2011090204	尹日亮2011090213	吕顺玉2010090339	吕志盛2011090153	王楚琦2011090275
3	谭庭发2010090139	李孔英2010090346	何景俊2010090355	邝永培2011090317	黄松松2010090101	黄颖欣2010090334	王翠红2010090308	谭浩延2010090248
4	冯国权2011090217	罗崇良2011090238	吴焕然2011090202	李宇轩2010090115	冯念茵2010090110	梁楚婷2011090276	胡娇阳2011090312	李浩坚2010090127
5	佘建鹏2010090227	何锐鑫2011090170	梁燕坤2010090241	郑　恩2010090354	冯锦峰2011090121	王妙欣2011090173	梁敏玲2011090241	李露茵2011090271
6	刘骏伟2011090260	余海2011090147	李玲霞2011090223	李　婷2010090112	吴国智2010090312	林维萍2010090157	陈伟健2011090215	叶展鹏2010090218
7	何洁东2010090140	麦惠珍2010090261	章泽松2011090167	班海霞2010090216	叶柏盛2010090321	李伟健2010090132	王汝津2011090274	梁敏怡2011090128
8	张娇友2011090122	汤夕兴2011090258	何铭毅2011090129	邵颖然2010090126	冼凤桥2011090101	游淑芬2010090244	何礼成2010090226	周梓健2010090220
9	王俊杰2010090365	黄桂深2011090261	黄金星2010090162	萧盈映2011090210	周建生2011090243	陈伟汉2011090230	陈瑞君2010090304	黄浩汶2010090262
10	麦丽婷2011090259	何燕娴2011090313	郭汉勤2010090353	黄淑娴2010090260	李家炳2011090267	蔡彦俊2011090216	叶倩婷2010090331	罗美君2011090102
11	何志浩2011090152	谢俊豪2010090364	王永健2011090110	陈顺业2010090240	董耀艺2011090134	卢伟杰2010090137	潘玉宜2010090252	何家敏2010090319
12	何健能2011090135	吴伟健2010090211	黄小秋2010090201	陈晓霞2010090159	冯倩媚2010090219	张海洋2010090318	陈　程2010090171	钟俊业2011090169
13	黄志亮2011090220	李韵诗2010090104	何思慧2011090262	杨燕珊2011090270	冯景燊2011090161	廉雯静2010090210	陈喜2010090149	简绮欣2011090311
14	龙健灵2010090144	朱江凝2010090122	谢裕晖2011090253	冯嘉雯2010090135	李志祥2011090229	林妙娴2011090109	陈倩君2010090327	郭茵仪2010090172
15	周国雄2010090234	高山童2010090222	周宇轩2011090318	江振兴2011090207	陈艺莹2010090345	游绮雯2011090320	周均成2011090124	刘　娜2010090325
16	伦嘉琪2010090223	林潇特2010090203	吴婉琪2011090228	杨成宝2011090301	郑　东2011090310	罗桂欣2011090224	何嘉明2010090333	雷丽贞2011090237
17	吴兆东2010090265	黄绮玲2010090213	梁淑仪2011090160	梁敏珊2011090248	黎大恒2011090273	伍佩玲2010090255	关家乐2011090306	梁丽伦2011090314
18	杜嘉俊2011090105	卢嘉仪2010090167	刘伟君2011090118	冼炜晔2010090340	牟俊2010090316	潘俊锋2010090109	冯丽宜2010090119	余剑华2011090309
19	梁铨康2010090169	梁浩贤2010090343	徐敏儿2011090104	刘栩华2010090344	陈颖欣2010090133	李惠冰2011090125	梁昆森2011090266	徐潮珍2010090217
20	罗嘉乐2011090133	布嘉欣2011090156	黄金燕2010090367	冯浩伦2011090221	李培聪2011090136	李嘉池2010090142	黄伟榜2010090362	黄诗鸿2011090242
21	李　盼2010090204	吴汝强2010090263	李国基2011090117	何汉杰2011090264	周颖诗2011090244	梁佩华2011090149	黄俊华2011090239	何浚恩2011090249
22	张柳兴2010090125	陈伟乐2010090141	曾家俊2010090310	何振涛2010090228	梁婉芳2010090151	林智涛2011090164	宋美芳2010090165	郭文妍2011090174
23	陈夏燕2010090103	梁爱敏2011090148	陈竹延2011090112	梁洁灵2010090131	麦广程2011090138	陈柳婵2011090137	郭韵婷2010090247	黄骏鸿2011090218
24	麦健坤2010090235	潘惠嫦2011090139	罗嘉盛2010090324	潘卓成2010090307	谢　雯2010090106	叶健棠2011090255	莫永润2011090247	黄晓梅2011090316
25	江振斯　2010090107	林景红2010090363	蔡建豪2010090215	黄贺杰2010090330	罗桔芳2011090140	温家俊2011090254	麦小玲2010090357	龙伟安2010090212
26	麦倩娴2010090105	冯清霞2010090202	卢永鹏2011090212	彭骏思2010090231	霍润权2010090207	何伟健2011090257	梁国潮2010090323	周业锐2011090263

图 3-94　完成考生座位号分配

习　　题

一、单项选择题

1. 在 Excel 2016 中，下列公式不正确的是（　　）。

（A）=1/4+B3　　（B）=7*8　　（C）1/4+8　　（D）=5/(D1+E3)

2. 可以计算区域中满足给定条件的单元格个数的函数是（　　）。

（A）COUNT()　　（B）COUNTBLANK()

（C）COUNTIF()　　（D）COUNTA()

3. 在 Excel 2016 中，创建公式的操作步骤有：①在编辑栏输入"="；②输入公式；③按 Enter 键；④选择需要建立公式的单元格。其正确的顺序是（　　）。

（A）①②③④　　（B）④①③②　　（C）④①②③　　（D）④③①②

4. 当在单元格中输入公式后，在编辑栏中显示的是（　　）。

（A）运算结果　　（B）公式　　（C）单元格地址　　（D）不显示

5. 在 Excel 2016 中，函数 SUM（A1:A4）等价于（　　）。

（A）SUM（A1*A4）　　（B）SUM（A1+A4）

（C）SUM（A1/A4）　　（D）SUM（A1+A2+A3+A4）

二、简答题

1. 什么是相对引用、绝对引用和混合引用？

2. 在 Excel 2016 中，公式包含几种运算符？

3. 简述编辑公式的操作步骤。

4. 使用函数的操作步骤是什么？

5. 简述 Excel 2016 函数的种类。

三、操作题

1. 设工作表中数据如图 3-95 所示，对工作表进行如下操作：

（1）分别在单元格 H2 和 I2 中填写计算平均分和总分的公式，用公式复制的方法分别求出各学生的平均分和总分。

（2）利用函数统计人数和每门课程的平均分。

（3）根据平均分求出每个学生的等级。等级的标准：平均分 60 分以下为 D；平均分 60 分以上（含 60 分）、75 分以下为 C；平均分 75 分以上（含 75 分）、90 分以下为 B；平均分 90 分以上为 A。

（4）筛选出姓王且"性别"为女的同学。

（5）按"性别"对"平均分"进行分类汇总。

2. 根据图 3-96 所示的数据创建工作表，并用复制公式的方法计算各职工的实发工资，将该工作表所在工作簿以文件名 ESJ1.xls 保存。

	A	B	C	D	E	F	G	H	I
1	学号	姓名	性别	出生年月日	课程一	课程二	课程三	平均分	总分
2	1	王春兰	女	1980-8-9	80	77	65		
3	2	王小兰	女	1978-7-6	67	86	90		
4	3	王国立	男	1980-8-1	43	67	78		
5	4	李萍	女	1980-9-1	79	78	85		
6	5	李刚强	男	1981-1-12	98	93	88		
7	6	陈国宝	女	1982-5-21	71	75	84		
8	7	黄河	男	1979-5-4	57	78	67		
9	8	白立国	男	1980-8-5	60	69	65		
10	9	陈桂芬	女	1980-8-8	87	82	76		
11	10	周恩恩	女	1980-9-9	90	86	76		

图 3-95　操作题 1 数据

编号	姓名	性别	基本工资	水电费	实发工资
A01	洪国武	男	1034.70	45.60	
B02	张军宋	男	1478.70	56.60	
A03	刘德名	男	1310.20	120.30	
C04	刘乐怡	女	1179.10	62.30	
B05	洪国林	男	1621.30	67.00	
C06	王小乐	男	1125.70	36.70	
C07	张红艳	女	1529.30	93.20	
A08	张武学	男	1034.70	15.00	
A09	刘冷静	女	1310.20	120.30	
B10	陈红	女	1179.10	62.30	
C11	吴大林	男	1621.30	67.00	
C12	张乐杰	男	1125.70	36.70	
A13	印红霞	女	1529.30	93.20	
合计					

图 3-96　数据

（1）计算实发工资。公式为：实发工资=基本工资-水电费。

（2）对工作表进行格式设置：设置纸张大小为 B5，方向为纵向，页边距为 2cm，将"基本工资"和"水电费"的数据设置为整数。设置标题的字号为 18，字体为黑体，颜色为深绿，对齐合并单元格，垂直、水平均为居中。设置各列的宽度，要求：A 列为 6，B 列为 9，C 列为 6，D、E、F 列为 11。设置表头文字的格式：字号为 16 号，字体为常规楷体，垂直与水平均居中，行高为 27，底纹为黄色。

（3）在表中增加"补贴""奖金""科室"三列。其中，补贴=水电费+45；奖金=（基本工资/800）×8+水电费。

（4）用函数统计基本工资、水电费、补贴和奖金的合计与平均；用函数求出水电费的最高值和最低值。

（5）按基本工资进行排序，要求低工资在前；分别计算男、女职工的平均基本工资。

（6）显示水电费超过 65 元的男职工记录。

（7）统计补贴在 110 元以上并且奖金在 80 元以上职工的人员。

（8）用分类汇总统计各种职工的平均水电费、平均应发工资、平均基本工资。

提高篇

第4章 数据分析基础

使用 Excel 进行数据分析时常用 Excel 的数据筛选、条件格式等功能，对数据进行初步的整理，再通过合并运算、数据透视表实现各项数据的汇总，以及对数据进行模拟分析。

4.1 数据筛选

4.1.1 自动筛选

自动筛选

Excel 可以存储大量的数据。当存储的数据量过大时，在进行数据查找和筛选时就比较困难，利用 Excel 设置筛选，可以让筛选更加方便。

自动筛选一般用于简单的条件筛选，筛选时将不满足条件的数据暂时隐藏起来，只显示符合条件的数据。

单击"数据"|"排序和筛选"|"筛选"按钮，以"代理商"字段为例，单击该字段第一行右侧的下拉列表按钮，可根据实际要求筛选出特定代理商记录。还可以根据条件筛选出"颜色"在某一范围内符合条件的记录，使用"与""或"来约束区分条件。另外，使用"自动筛选"还可同时对多个字段进行筛选操作，此时各字段间限制的条件只能是"与"的关系，如图 4-1 所示。

图 4-1　自动筛选

4.1.2　高级筛选

使用高级筛选功能可以通过设定条件区域把想要的数据都找出来。例如，数据表中想要把性别为男、文化程度为研究生、工资大于 2000 的人显示出来。首先设置一个条件区域，第一行输入排序的字段名称，在第二行中输入条件，如图 4-2 所示。

高级筛选

然后选中数据区域中的一个单元格，单击"数据""排序和筛选"|"高级"按钮，打开"高级筛选"对话框。Excel 自动选择好了筛选的区域，我们单击这个条件区域框中的选取按钮，选中我们刚才设置的条件区域，返回"高级筛选"对话框，单击"确定"按钮，如图 4-3 所示。

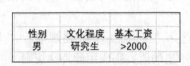

图 4-2　条件区域

图 4-3　"高级筛选"对话框

最后设置高级筛选条件。高级筛选可以设置行与行之间的"或"关系条件，也可以对一个特定的列指定三个以上的条件，还可以指定计算条件，这些都是它比自动筛选优越的地方。高级筛选的条件区域应该至少有两行，第一行用来放置列标题，第二行则放置筛选条件。需要注意的是，这里的列标题必须与数据清单中的列标题完全一致。条件区域中筛选条件的设置中，同一行上的条件认为是"与"条件，而不同行上的条件认为是"或"条件。

4.2　使用条件格式标识数据

条件格式是用于数值型数据可视化的有效工具，可以根据单元格内容对单元格应用条件格式，从而使单元格的外观与众不同。使用 Excel 中的条件格式功能，可以预置一种单元格格式，并在指定的某种条件被满足时自动应用于目标单元格。Excel 可以预置的单元格格式包括边框、底纹、字体颜色等。此功能可以根据用户的需求，快速对特定单元格进行必要的标识，以起到突出显示的作用。

4.2.1　条件格式简介

条件格式功能允许以单元格的内容为基础，选择性地或自动地应用单元格格式。例如，可以应用条件格式将区域中所有大于 0 的区域的背景颜色设为红色。当输入或修改此区域中的数值时，Excel 会对数值进行检查，并针对单元格检查条件格式的规则。如果数值大于 0，那么背景色将使用红色；如果小于等于 0，则不应用任何格式。

条件格式设置

条件格式可以快速识别错误的单元格或特定类型的单元格，可以使用某种格式轻松地标识特定的单元格。

要对单元格或区域应用条件格式规则，可首先选定单元格，然后使用"开始"|"样式"|"条件格式"下拉列表中的某一个命令来指定某个规则。

（1）突出显示单元格规则：突出显示大于（小于）某值、介于某个范围区间、等于某值及包含文本（日期）的单元格或重复的单元格。例如，突出显示值最大的 10 项、值最小的 10 项，以及高于（低于）平均值的项。

（2）数据条：按照单元格值的比例直接对单元格进行渐变或实心填充。

（3）色阶：按照单元格值的比例应用背景色。

（4）图标集：按照单元格中的值直接显示图标。

（5）新建规则：允许指定其他条件格式规则，包括基于逻辑公式的规则。

（6）清除规则：清除所选单元格或整个工作表的规则。

（7）管理规则：显示"条件格式规则管理器"对话框，可在该对话框中新建条件格式规则、编辑规则或删除规则。

当选择一种条件格式规则时，Excel 将弹出特定于此规则的对话框，这些对话框都有一个包含常用格式设置建议的下拉列表。

单击"开始"|"样式"|"条件格式"按钮，选择"突出显示单元格规则"|"大于"命令，弹出图 4-4 所示的对话框。如果单元格中的值大于指定的值，则应用此特殊规则。

图 4-4　设置"条件格式"

下拉列表中的条件格式设置只是不同格式组合中的一小部分。如果 Excel 提供的格式组合不符合用户的需要，可以通过选择"自定义格式"选项打开"设置单元格格式"对话框，通过设置"数字""字体""边框""填充"选项卡来完成格式指定。

为了获得更好的控制，Excel 提供了用于自定义规则的"新建格式规则"对话框，如图 4-5 所示。可通过单击"开始"|"样式"|"条件格式"按钮，选择"新建规则"命令打开该对话框。

图 4-5　"新建格式规则"对话框

使用"新建格式规则"对话框既可以重新创建功能区中的所有条件格式规则，也可以创建一些新的规则。首先，在此对话框顶部选择一种普通规则。在设定规则后，如果满足条件，则单击"格式"按钮设定要应用的格式类型；但第一项规则类型（基于各自值设置所有单元格的格式）是个例外，它没有"格式"按钮。

下面对这些规则类型进行简单介绍。

（1）基于各自值设置所有单元格的格式：可使用此规则创建显示数据条、色阶或图标集。

（2）只为包含以下内容的单元格设置格式：可使用此规则创建用于数值对比（介于、未介于、等于、不等于、大于、小于、大于或等于、小于或等于）、设置单元格格式，也可创建用于特定文本、发生日期、空值、无空值、错误或无错误的规则。

（3）仅对排名靠前或靠后的数值设置格式：可使用此规则创建用于识别前 n 个、前百分之 n、后 n 个和后百分之 n 项。

（4）仅对高于或低于平均值的数值设置格式：可使用此规则创建用于识别高于、低于、等于或高于、等于或低于或位于选定范围平均值的标准偏差范围内的单元格。

（5）仅对唯一值或重复值设置格式：可使用此规则创建用于设置某个范围内的唯一值或重复值的格式。

（6）使用公式确定要设置格式的单元格：可使用此规则创建用于逻辑公式的规则。

4.2.2　使用图形的条件格式

图形或公式条件
格式设置

Excel 中用于显示图形的 3 个条件格式选项：数据条、色阶和图标集。这些条件格式类型有助于更好地可视化区域内的数值。

1. 数据条

Excel 中"数据条"条件格式可直接在单元格中显示水平条。水平条的长度取决于单元格中的值与该区域内其他单元格的值的相对比例。

在 Excel 中，可以通过单击"开始"|"样式"按钮，选择"条件格式"|"数据条"命令，访问 12 种数据条样式。要获取更多选项，可以选择"其他规则"命令，这样将弹出"新建格式规则"对话框，可以使用该对话框实现：仅显示数据条（隐藏数字）、指定缩放的最小值和最大值、更改数据条的外观、指定负值和坐标轴的处理方式及指定数据条的方向。

有时可以使用数据条条件格式作为图表生成过程的快速替代方案，特别是在需要创建多个这样的图表时。

2. 色阶

Excel 中的"色阶"条件格式功能，可以让表格数据更直观。色阶是指在一个单元格区域中显示双色渐变或三色渐变，颜色的底纹表示单元格中的值，并且渐变颜色能够随数据值的大小而改变。Excel 提供了 6 个双色刻度预设选项和 6 个三色刻度预设选项。

下面为"运动会——男子跳高.xlsx"工作簿应用预设的色阶样式，具体操作步骤如下：

在"男子跳高成绩表"中选择 F3:F19 单元格区域，单击"开始"|"样式"|"条件格式"按钮，选择"色阶"命令，在打开的对话框中选择"红-黄-绿色阶"选项，如图 4-6 所示。

返回 Excel 工作表界面，即可看到添加色阶后的单元格效果，如图 4-7 所示。

要自定义颜色和其他选项，可单击"开始"|"样式"|"条件格式"按钮，选择"色阶"|"其他规则"命令，打开"新建格式规则"对话框，如图 4-8 所示，用户可以在其中选择规则类型和

编辑规则说明，并通过预览框查看更改的效果。

图 4-6 "色阶"条件格式

图 4-7 添加色阶效果

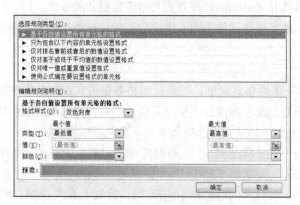

图 4-8 自定义颜色和其他选项

必须要了解的一点是，色阶条件格式可以使用渐变。例如，上面的例子，使用三色刻度来设置一个区域的格式，则得到的结果肯定多于三种颜色，结果将以介于这三种颜色之间的渐变色显示。

3. 图标集

Excel 中"图标集"条件格式选项是指在单元格中显示图标，单元格所显示的图标取决于单元格的值。要为一个区域分配图标集，请先选定单元格，然后单击"开始"|"样式"|"条件格式"按钮，选择"图标集"命令。Excel 提供了 4 类，共 20 个图标集可供选择，但不支持创建自定义图标集。

如果要对图标的分配进行更多的控制，可以选择"开始"|"样式"|"条件格式"|"图标集"|"其他规则"命令，打开"新建格式规则"对话框，在该对话框中进行相关设置即可。

4.2.3　创建基于公式的规则

Excel 的条件格式功能非常强大，但有时它可能无法完成所需操作。幸运的是，可以通过编写条件格式公式来扩展它的功能。

要指定基于公式的条件格式，首先选择单元格，然后单击"开始"|"样式"|"条件格式"按钮，选择"新建规则"命令，打开"新建格式规则"对话框。在该对话框中单击"使用公式确定要设置格式的单元格"规则类型，然后即可指定公式。

在文本框中既可以直接输入公式，也可以输入对含有逻辑公式的单元格的引用，但必须是可返回 True 或 False 的逻辑公式。如果公式的值为 True，则说明满足条件，因此将应用条件格式。如果公式的结果为 False，则不应用条件格式。

与普通的 Excel 公式一样，这里输入的公式必须以等号（=）开头。

在 Excel 中，经常需要根据表格中的数据或者字符动态标识行记录，以便突出重点或者给予操作者提示。下面以条件格式和公式来动态标识行记录。

打开"学生成绩表"工作表，给 E 列"党员否"添加"数据有效性"。

选择 E 列，单击"数据"|"数据工具"|"数据验证"按钮，在打开的"数据验证"对话框"允许"下拉列表框中选择"序列"选项，"来源"输入框中填"是,否"。注意要在英文状态下输入。可以看见 E 列右侧出现的下拉按钮，这就是添加成功的标志，如图 4-9 所示。

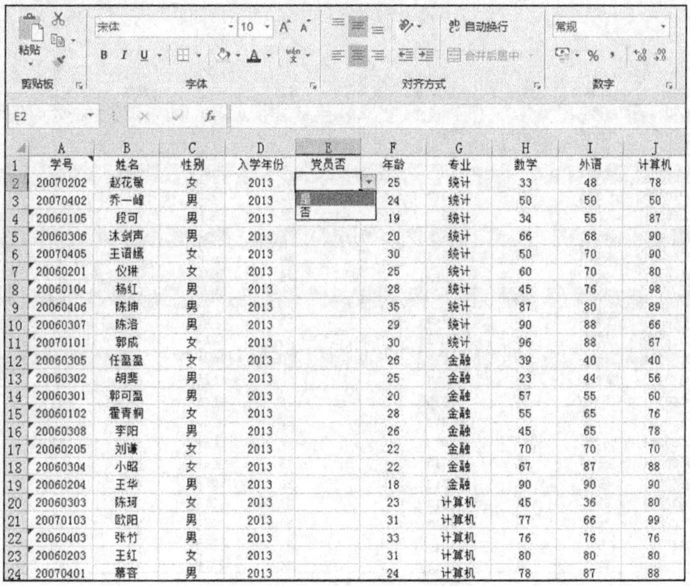

图 4-9　"党员否"数据有效性

选中表格中 A2:E26 单元格区域，单击"开始"|"样式"|"条件格式"按钮，选择"新建规则"命令，在打开的对话框中选择"使用公式确定要设置格式的单元格"选项，在"为符合此公式的值设置格式"的文本框内输入"=$E2="是""，单击"确定"按钮，如图 4-10 所示。

图 4-10　设置"为符合此公式的值设置格式"

单击 E 列任意一个单元格，从右侧下拉列表中选择"是"或"否"，可以看到改变表格中的"是"值，其颜色也会动态地随之改变，如图 4-11 所示。

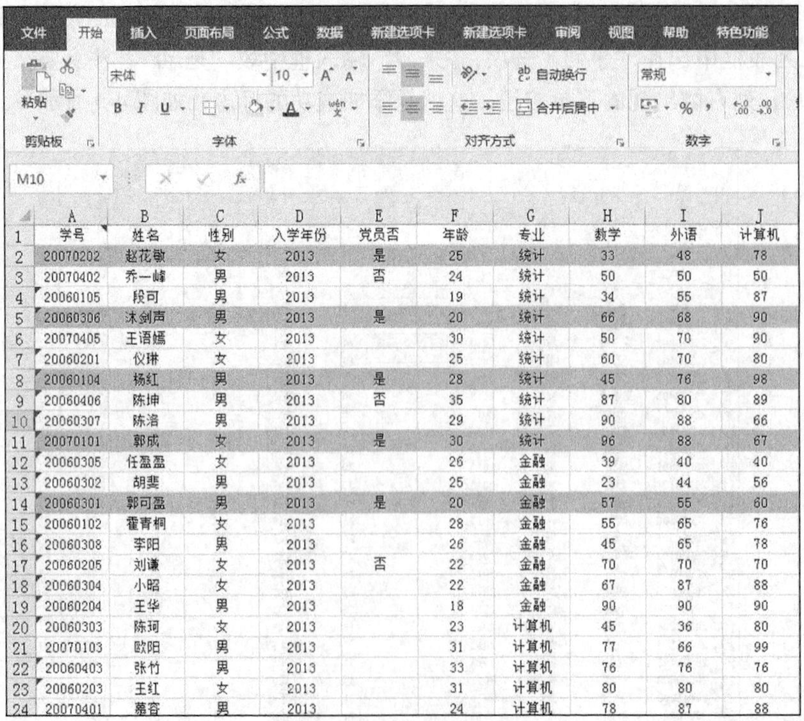

图 4-11　颜色动态改变

4.2.4　使用条件格式

1. 管理规则

"条件格式规则管理器"对话框可用于检查、编辑、删除和增加条件格式。首先选择区域内的任何包含条件格式的单元格，然后单击"开始"|"样式"|"条件格式"按钮，选择"管理规则"命令。可以通过"新建规则"命令指定任意数目的规则。

2. 复制含有条件格式的单元格

与标准的格式信息类似，条件格式信息也存储在单元格中。因此，当复制一个包含条件格式的单元格时，同样也将复制条件格式。

如果只需要复制格式（包括条件格式），可复制单元格，然后使用"选择性粘贴"对话框并在其中选择"格式"选项。如果要向含有条件格式的区域插入行或列，则新单元格也将拥有相同的条件格式。

3. 删除条件格式

在按 Delete 键删除单元格的内容时，并未删除条件格式。要删除所有条件格式，可以选择单元格，然后单击"开始"|"编辑"|"清除"按钮，选择"清除格式"命令。

如果只想删除条件格式而保留其他格式，那么可以单击"开始"|"样式"|"条件格式"按钮，选择"清除规则"命令。

4. 定位含有条件格式的单元格

只通过简单的查看并不能确定单元格是否包含条件格式，但可以通过使用"定位条件"对话框来选择这些单元格。

（1）单击"开始"|"编辑"|"查找和选择"按钮，选择"定位条件"命令，将打开"定位条件"对话框。

（2）在"定位条件"对话框中选择"条件格式"选项。

（3）如果要选择工作表中所有包含条件格式的单元格，那么可选择"全部"选项；如果只想选择与活动单元格拥有相同条件格式的单元格，则可选择"相同"选项。

（4）单击"确定"按钮，Excel 将找到所需要的单元格。

4.3　数据透视表

数据透视表可能是 Excel 中技术最复杂的组件之一，然而只需要单击几下鼠标，就能以数十种不同的方式切分数据表，并得出用户希望得到的任何汇总类型。

4.3.1　认识数据透视表

数据透视表在本质上是一个从数据库生成的动态汇总报表。在创建数据透视表后，既可以按照需要重新排列信息，也可以插入特殊的公式以执行各种新的计算。

数据透视表

数据透视表要求数据既可以存储在一个工作表区域中（可以是表格，也可以是普通的区域），也可以存储在外部数据库文件中。

一般而言，数据库表中的字段包括以下两类信息：

数据：包含要汇总的值或数据。

类别：用于描述数据。

单个数据库表可以包含任意数量的数据字段和类别字段。当创建数据透视表时，通常需要汇总一个或多个数据字段。对应地，类别字段的值将会在数据透视表中显示为行、列或筛选项。

科技是为了更好的指导生成和提高生产力。怎么快速、准确、多维的分析数据，指导生产，发挥人员优势和季节优势呢？下面我们以分析产品销售订单为例来学习数据透视表，精准快速分析数据，指导生成和销售。

1. 字段

图 4-12 所示为产品销售订单表；图 4-13 所示为根据产品销售订单表创建的数据透视表。其中，“地区”“城市”“订货金额”“订货日期”都是字段，是从源列表或数据库中的字段衍生出的数据分类。例如，“地区”字段来自源列表标记为“地区”的数据列。

	A	B	C	D	E	F	G	H
1	产品销售订单							
2	订单编号	订货日期	发货日期	订货金额	联系人	地址	城市	地区
3	10248	2002/7/4	2002/7/16	¥32.38	余小姐	光明北路 124 号	北京	华北
4	10249	2002/7/5	2002/7/10	¥11.61	谢小姐	青年东路 543 号	济南	华东
5	10250	2002/7/8	2002/7/12	¥65.83	谢小姐	光化街 22 号	秦皇岛	华北
6	10251	2002/7/8	2002/7/15	¥41.34	陈先生	清林桥 68 号	南京	华东
7	10252	2002/7/9	2002/7/11	¥51.30	刘先生	东管西林路 87 号	长春	东北
8	10253	2002/7/10	2002/7/16	¥58.17	谢小姐	新成东 96 号	长治	华北
9	10254	2002/7/11	2002/7/23	¥22.98	林小姐	汉正东街 12 号	武汉	华中
10	10255	2002/7/12	2002/7/15	¥148.33	方先生	白石路 116 号	北京	华北
11	10256	2002/7/15	2002/7/17	¥13.97	何先生	山大北路 237 号	济南	华东
12	10257	2002/7/16	2002/7/22	¥81.91	王先生	清华路 78 号	上海	华东
13	10258	2002/7/17	2002/7/23	¥140.51	王先生	经三纬四路 48 号	济南	华东
14	10259	2002/7/18	2002/7/25	¥3.25	林小姐	青年西路甲 245 号	上海	华东
15	10260	2002/7/19	2002/7/29	¥55.09	徐文彬	海淀区明成路甲 8 号	北京	华北
16	10261	2002/7/19	2002/7/30	¥3.05	刘先生	花园北街 754 号	济南	华东
17	10262	2002/7/22	2002/7/25	¥48.29	王先生	浦东临江北路 43 号	上海	华东

图 4-12　产品销售订单表

2. 项

项指字段中的元素，在数据透视表中作为行或列的标题显示。如图 4-13 所示，其中“北京”“2002”等都是项。项字段的子分类或成员，表示源数据中字段的唯一条目。例如“北京”项表示“城市”字段包含条目“北京”的所有数据行。

	A	B	C	D	E	F	G	H	I	J
1	地区	华北								
2										
3	求和项:订货金额	列标签								
4		2002年		2003年				2004年		总计
5	行标签	第三季	第四季	第一季	第二季	第三季	第四季	第一季	第二季	
6	北京	1384.41	312.7		102.02	930.07	884.29	507.52		4121.01
7	秦皇岛	150.64	126.56	207.61	102.77	69.05	136.97	182.37	253.11	1229.08
8	石家庄		299.02	25.36	1511.04	339.27	518.68	555.22	356.23	3604.82
9	天津		2152.69	2084.48	2930.6	2370.8	3561.48	4906.51	1380.04	19386.6
10	张家口	212.75	7.98	140.53	33.1	597.9	154.52	523.41	472.76	2142.95
11	长治	58.17								58.17
12	总计	1805.97	2898.95	2457.98	4679.53	4307.09	5255.94	6675.03	2462.14	30542.63

图 4-13　数据透视表

3. 组

一个组可被视为单个的项。在数据透视表中可以采用手动分组和自动分组（例如，将日期按月份分组）。

4. 汇总函数

汇总函数用来对数据字段中的值进行合并的计算类型。数据透视表通常为包含数字的数据字段使用 SUM()函数求和，而包含文本的数据字段使用 COUNT()函数计数。也可选择其他汇总函数，如 AVERAGE()、MIN()等函数。

5. 行标签

行标签指在数据透视表中拥有行方向的字段。此字段中的每项占据一行。如图 4-13 所示，“城市”字段就是行标签。

6. 列标签

列标签指在数据透视表中拥有列方向的字段。此字段中的每项占用一列。如图 4-13 所示，"订货日期"字段就是列标签。

7. 表筛选

数据透视表中具有分项字段，与三维数据集相似，可一次在一个页面字段内显示一个项、多个项或所有项。如图 4-13 所示，"地区"字段就是分项字段，该字段允许用户筛选整个数据透视表，以显示单项或所有项的数据。

8. 数值

数值字段提供要汇总的数据值。通常包含数字，可用 SUM() 函数合并这些数据。在介绍了数据透视表各部分的作用后，就可以对数据透视表进行操作，以获得需要分析的数据。例如，要查看"华北"地区每个城市的商品销售情况，可单击"地区"下拉菜单，在弹出的菜单中选择"华北"选项。显示华北各个城市的销售记录和汇总情况，如图 4-13 所示。

9. 总计

总计用于显示数据透视表中一行或一列中所有单元格的总和。可以指定对行或列或者这两者（或两者都不）计算总和。图 4-13 中显示了各行和各列的总计。

如果要显示某几个城市的销售情况可选择"行标签"下拉列表中的城市复选框，如图 4-14 所示。单击"确定"按钮，显示结果如图 4-15 所示。

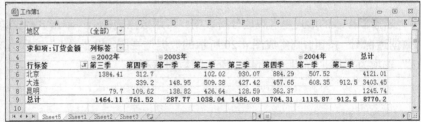

图 4-14　选择"城市"　　　　　　　　　　图 4-15　按"城市"字段显示

如果想查看各个城市的联系人的业绩，可以在"数据透视表的字段列表"中选择"联系人"字段，如图 4-16 所示。单击"确定"按钮，结果如图 4-17 所示。

图 4-16　选择"联系人"字段　　　　　　　图 4-17　按"联系人"字段显示

若想让数据透视表的样式更美观，可选择"数据透视表工具"|"设计"选项卡，如图 4-18 所示，可看到多种数据透视表样式，选择喜欢的样式即可。图 4-19 所示是使用样式后的结果。

图 4-18　"设计"选项卡

地区	(全部)								
求和项:订货金额	列标签								
	2002年		2003年				2004年		总计
行标签	第三季	第四季	第一季	第二季	第三季	第四季	第一季	第二季	
北京	1384.41	312.7		102.02	930.07	884.29	507.52		4121.01
陈先生	11.23	8.56					1.26		21.05
陈玉美				102.02					102.02
成先生	162.27					4.98			167.25
方先生	148.33					203.23	185.57		537.13
何先生						55.23			55.23
黄小姐						11.99			11.99
黄雅玲						45.52			45.52
林丽莉					96.5				96.5

图 4-19　使用样式后的结果

若想以图表的形式更直观地分析数据，可用数据透视图，单击"数据透视表工具"|"选项"|"数据透视图"按钮，则生成图 4-20 所示的数据透视图。设置"年"选项为 2002 年、2003 年；"地区"选项为"华北"，生成图 4-21 所示的数据透视图。

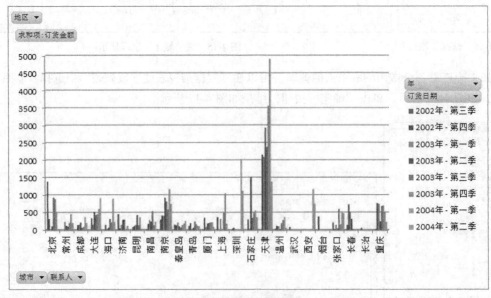

图 4-20　数据透视图

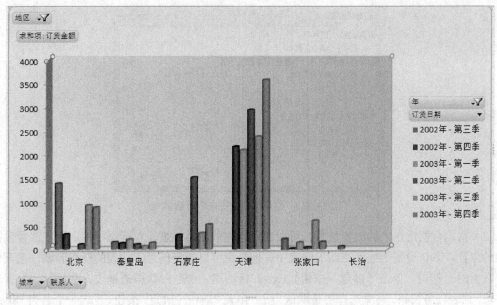

图 4-21　按 "华北" 地区显示的数据透视图

4.3.2　创建数据透视表

创建数据透视表的操作比较复杂，为了便于用户使用，Excel 提供了数据透视表和数据透视图向导，在该向导的指导下，用户只要按部就班地进行操作，就可以轻松地完成数据透视表的制作过程。

操作步骤如下：

（1）指定数据。打开图 4-22 所示的工作表，数据位于工作表区域内，选择区域中的任意单元格，单击 "插入" | "表格" | "数据透视表" 按钮，出现图 4-23 所示的 "创建数据透视表" 对话框。Excel 会尝试根据活动单元格的位置自动推测数据区域。如果要通过外部数据源创建数据透视表，那么就选择 "使用外部数据源" 单选按钮，然后单击 "选择连接" 按钮以指定数据源。

	A	B	C	D	E	F	G	H
1				产品销售订单				
2	订单编号	订货日期	发货日期	订货金额	联系人	地址	城市	地区
3	10248	2002/7/4	2002/7/16	¥32.38	余小姐	光明北路 124 号	北京	华北
4	10249	2002/7/5	2002/7/10	¥11.61	谢小姐	青年东路 543 号	济南	华东
5	10250	2002/7/8	2002/7/12	¥65.83	谢小姐	光化街 22 号	秦皇岛	华北
6	10251	2002/7/8	2002/7/15	¥41.34	陈先生	清林桥 68 号	南京	华东
7	10252	2002/7/9	2002/7/11	¥51.30	刘先生	东管西林路 87 号	长春	东北
8	10253	2002/7/10	2002/7/16	¥58.17	谢小姐	新成东 96 号	长治	华北
9	10254	2002/7/11	2002/7/23	¥22.98	林小姐	汉正东街 12 号	武汉	华中
10	10255	2002/7/12	2002/7/15	¥148.33	方先生	白石路 116 号	北京	华北
11	10256	2002/7/15	2002/7/17	¥13.97	何先生	山大北路 237 号	济南	华东
12	10257	2002/7/16	2002/7/22	¥81.91	王先生	清华路 78 号	上海	华东
13	10258	2002/7/17	2002/7/23	¥140.51	王先生	经三纬四路 48 号	济南	华东
14	10259	2002/7/18	2002/7/25	¥3.25	林小姐	青年西路甲 245 号	上海	华东
15	10260	2002/7/19	2002/7/29	¥55.09	徐文彬	海淀区明成路甲 8 号	北京	华北
16	10261	2002/7/19	2002/7/30	¥3.05	刘先生	花园北街 754 号	济南	华东
17	10262	2002/7/22	2002/7/25	¥48.29	王先生	浦东临江北路 43 号	上海	华东

图 4-22　产品销售订单表

图 4-23 "创建数据透视表"对话框

（2）指定数据透视表的放置位置。可以在"创建数据透视表"对话框中指定用于放置数据透视表的位置。默认设置为放置在新工作表中，但是也可以指定任意工作表的任意区域，甚至包括包含数据的工作表。单击"确定"按钮，Excel 将创建一个空白数据透视表，并显示"数据透视表字段"列表任务窗格。这里选择的是默认"新工作表"。单击"确定"按钮，生成一个名为"Sheet5"的工作表，如图 4-24 所示。

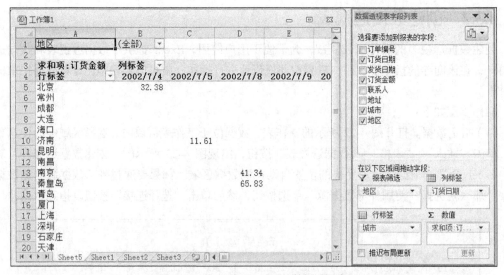

图 4-24 按"地区"显示的数据透视表

（3）指定数据透视表布局。可以设置数据透视表的实际布局。把"地区"字段拖放在"报表筛选"处，"订货日期"拖放在"列标签"处，"城市"拖放在"行标签"处，"订货金额"拖放在"数值"求和处。

（4）创建组。在已经创建数据透视表基础上，按逻辑组（如月份或季度）显示项或值，以方便汇总和进行数据分析。选中列表日期中的任一单元格，单击鼠标右键，弹出图 4-25 所示的快捷菜单，选择"创建组"命令，弹出图 4-26 所示的对话框。

（5）按住 Shift 键，选择或填入"自动"选项卡中的"起始"和"终止"日期，选中步长中的"月""季度"和"年"选项，则可按选项分析数据，如图 4-27 所示。

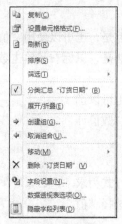

图 4-25　快捷菜单

图 4-26　"分组"对话框

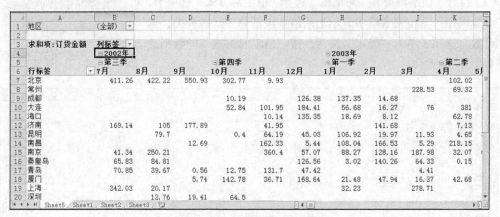

图 4-27　按选中的选项分析数据

（6）如果选择图 4-28 所示的选项，得到的结果如图 4-29 所示。

图 4-28　设置"步长"

行标签	2002年		2003年				2004年		总计
	第三季	第四季	第一季	第二季	第三季	第四季	第一季	第二季	
北京	1384.41	312.7		102.02	930.07	884.29	507.52		4121.01
常州			228.53	114.09	92.81	201.57	452.62	198.97	1288.59
成都		136.57	152.03	210.99	63.06	87.33	378.97	194.83	1223.78
大连		339.2	148.95	509.38	427.42	457.65	608.35	912.5	3403.45
海口		145.49	26.81	62.78	312.97	213.42	897.53	222.92	1881.92
济南	452.03	41.95	141.68	286.32	289.63		115.45		1327.06
昆明	79.7	109.62	138.82	426.64	128.59	362.37			1245.74
南昌	12.69	167.77	279.86	236.71	539.74	128.22	232	2.14	1599.13
南京	291.55	417.47	404.41	920.86	815.79	592.83	1172.06	748.97	5363.94
秦皇岛	150.64	126.56	207.61	102.77	69.05	136.97	182.		1229.08
青岛	111.08	191.87	4.41	60.43	236.85	165.34	116.		990.51
厦门	5.74	348.13	85.79	182.34	192.36	216.16	211.		1324.03
上海	362.2		310.94			489.3	1048.93		2389.19
深圳	32.17	64.5					2029.14	1120.02	3245.83
石家庄		299.02	25.36	1511.04	339.27	518.68	555.22	356.23	3604.82

图 4-29　按"季度"显示的数据透视表

4.3.3　更改值汇总方式

在默认情况下，数据透视表使用的是常规数字格式。要更改所有数据的数字格式，可鼠标右键单击任意值，然后在弹出的快捷菜单中选择"设置数字格式"命令，即可使用"设置单元格格式"对话框更改所显示数据的数字格式。

对数据透视表中的数据汇总时，最常使用求和方法。但是，也可以使用"值字段设置"对话框中指定的其他汇总方法显示数据。要显示此对话框的方法是，鼠标右键单击数据透视表中的任意值，然后在弹出的快捷菜单中选择"值字段设置"命令。

可使用"值汇总方式"选项卡选择不同的汇总函数，也可以选择"求和""计数""平均值""最大值""最小值""乘积""数值计数""标准偏差""总体标准偏差""方差""总体方差"。

操作步骤如下：

（1）打开上例已经设置好的数据透视表，J列的汇总方式为求和汇总。选中J列，单击鼠标右键，在弹出的快捷菜单中选择"值字段设置"命令，如图4-30所示。

（2）打开"值字段设置"对话框，选择"值汇总方式"选项卡，在"计算类型"下拉列表框中显示当前值字段汇总方式的种类，选择"计数"选项，单击"确定"按钮，按"值汇总方式"的数据透视表如图4-31所示。

图 4-30　按选中的选项分析数据

城市	第三季	第四季	第一季	第二季	第三季	第四季	第一季	第二季	总计
地区	(全部)								
计数项:订货金额	年	订货日期							
	2002年		2003年				2004年		总计
北京	19	6		1	5	14	7		52
长春	3	11	9	3	1				27
常州			2	3	4	5	9	6	29
成都		2	2	2	3	3	4	2	18
大连		3	5	5	4	6	14	2	39
海口		2	2	1	3	2	5	3	18
济南	11	1	2	4	4		2		24
昆明	1	3	4	4	3	2			17
南昌	1	2	4	2	3		3	2	19
南京	5	4	17	11	7	13	18	10	85
长治	1								1
秦皇岛	2	1	3	3	4	4	6	3	26
青岛	5	3	1	1	3	2	5	3	23
上海	7		4		5	8	2		26
深圳	4	1					21	13	39
石家庄		5	1	6	5	6	12		40
天津		18	21	34	33	36	45	19	206
温州	1	5	4	1	3	6	4	3	27
武汉	2								2

图 4-31　按"值汇总方式"的数据透视表

返回到工作表中，J列的汇总方式就转换为计数求和。同样地，运用这个方法可以进行其他的汇总运算。

4.3.4　更改值显示方式

在创建数据透视表后，用户可以根据需要设置值的不同显示方式，以方便对数据进行分析。要以不同的形式显示数值，可使用"值显示方式"选项卡上的下拉按钮，即有很多选项可供选择，其中包括作为统计或分类汇总的百分比。

打开上例已经设置好的数据透视表，J列的显示方式为求和汇总。选中J列，单击鼠标右键，在弹出的快捷菜单中选择"值字段设置"命令，如图4-30所示。

打开"值字段设置"对话框，选择"值显示方式"选项卡，在"值显示方式"列表框中显示当前值字段显示方式的种类，在列表框中选择"总计的百分比"选项，单击"确定"按钮，按"总计的百分比"的数据透视表如图 4-32 所示。

	A	B	C	D	E	F	G	H	I	J
1	地区	(全部)								
2										
3	求和项:订货金额	年		订货日期						
4		⊟2002年		⊟2003年				⊟2004年		总计
5	城市	第三季	第四季	第一季	第二季	第三季	第四季	第一季	第二季	
6	北京	2.13%	0.48%	0.00%	0.16%	1.43%	1.36%	0.78%	0.00%	6.35%
7	长春	0.22%	1.13%	0.77%	0.48%	0.00%	0.00%	0.00%	0.00%	2.60%
8	常州	0.00%	0.00%	0.35%	0.18%	0.14%	0.31%	0.70%	0.31%	1.98%
9	成都	0.00%	0.21%	0.23%	0.32%	0.10%	0.13%	0.58%	0.30%	1.88%
10	大连	0.00%	0.52%	0.23%	0.78%	0.66%	0.70%	0.94%	1.41%	5.24%
11	海口	0.00%	0.22%	0.04%	0.10%	0.48%	0.33%	1.38%	0.34%	2.90%
12	济南	0.70%	0.06%	0.22%	0.44%	0.45%	0.00%	0.18%	0.00%	2.04%
13	昆明	0.12%	0.21%	0.21%	0.66%	0.20%	0.56%	0.00%	0.00%	1.92%
14	南昌	0.02%	0.26%	0.43%	0.36%	0.83%	0.20%	0.36%	0.00%	2.46%
15	南京	0.45%	0.64%	0.62%	1.42%	1.26%	0.91%	1.80%	1.15%	8.26%
16	长治	0.09%	0.00%	0.00%	0.00%	0.00%	0.00%	0.00%	0.00%	0.09%
17	秦皇岛	0.23%	0.19%	0.32%	0.16%	0.11%	0.21%	0.28%	0.39%	1.89%
18	青岛	0.17%	0.30%	0.01%	0.09%	0.36%	0.25%	0.18%	0.16%	1.53%
19	上海	0.56%	0.00%	0.48%	0.00%	0.75%	1.62%	0.27%	0.00%	3.68%
20	深圳	0.05%	0.10%	0.00%	0.00%	0.00%	0.00%	3.12%	1.72%	5.00%
21	石家庄	0.00%	0.46%	0.04%	2.33%	0.52%	0.80%	0.85%	0.55%	5.55%
22	天津	0.00%	3.31%	3.21%	4.51%	3.65%	5.48%	7.56%	2.13%	29.85%
23	温州	0.05%	0.17%	0.15%	0.01%	0.29%	0.43%	0.55%	0.08%	1.74%
24	武汉	0.12%	0.00%	0.00%	0.00%	0.00%	0.00%	0.00%	0.00%	0.12%

图 4-32　按"总计的百分比"的数据透视表

4.3.5　切片器

通过筛选按钮可以筛选数据透视表中的数据，但如果项目较多或需要同时筛选多个项目时，则很难执行。此时可以利用切片器进行快速筛选，还可以指定当前筛选状态，从而轻松、准确地筛选数据。切片器提供可用于筛选表格数据或数据透视表数据的按钮。除快速筛选外，切片器还可以指示当前筛选状态，以便了解筛选后的数据透视表中显示哪些内容。

打开"产品销售分析"数据透视表，单击单元格区域中任意一个单元格，单击"插入"|"筛选器"|"切片器"按钮，打开"插入切片器"对话框，如图 4-33 所示。

在"插入切片器"对话框中，选择"城市"复选框，单击"确定"按钮，如图 4-34 所示。

图 4-33　"插入切片器"对话框

图 4-34　选择"城市"复选框

在数据透视表中显示"城市"切片器，单击"城市"切片器中的"北京"，数据透视表中只显示与"北京"有关的数据，如图 4-35 所示。

	A	B	C	D	E	F	G	H	I	J	K
1	地区	(全部) ▼							城市	〓 ▼	
2											
3	求和项:订货金额	年	▼ 订货日期 ▼						北京		
4		⊟2002年		⊟2003年			⊟2004年	总计	常州		
5	城市	▼ 第三季	第四季	第二季	第三季	第四季	第一季		成都		
6	北京	1384.41	312.7	102.02	930.07	884.29	507.52	4121.01	大连		
7	总计	1384.41	312.7	102.02	930.07	884.29	507.52	4121.01	海口		
8									济南		
9									昆明		
10									南昌		

图 4-35 显示与城市"北京"有关的数据

4.3.6 使用数据透视表显示报表筛选页

虽然数据透视表包含"报表筛选"字段，可以容纳多个页面的数据信息，但它通常只显示在一个工作表中。利用数据透视表的"显示报表筛选页"功能，就可以创建一系列链接在一起的数据透视表，每一张工作表显示报表筛选字段中的一项。图 4-36 所示是一张包含"报表筛选"字段的数据透视表。

	A	B	C	D	E	F	G	H	I	J
地区	(全部) ▼									
求和项:订货金额	年	▼ 订货日期 ▼								
	⊟2002年		⊟2003年				⊟2004年		总计	
城市	▼ 第三季	第四季	第一季	第二季	第三季	第四季	第一季	第二季		
北京	1384.41	312.7		102.02	930.07	884.29	507.52		4121.01	
长春	140.36	731.2	502.8	314.22	2.92				1691.5	
常州			228.53	114.09	92.81	201.57	452.62	198.97	1288.59	
成都		136.57	152.03	210.99	63.06	87.33	378.97	194.83	1223.78	
大连		339.2	148.95	509.38	427.42	457.65	608.35		45	
海口		145.49	26.81	62.78	312.97	213.42	897.53		92	
济南	452.03	41.95	141.68	286.32	289.63		115.45		06	
昆明	79.7	109.62	138.82	426.64	128.59	362.37		2.14	74	
南昌	12.69	167.77	279.86	236.71	539.74	128.22	232		1599.13	
南京	291.55	417.47	404.41	920.86	815.79	592.83	1172.06	748.97	5363.94	
长治	58.17								58.17	
秦皇岛	150.64	126.56	207.61	102.77	69.05	136.97	182.37	253.11	1229.08	
青岛	111.08	191.87	4.41	60.43	236.85	165.34	116.56	103.97	990.51	
上海	362.2		310.94		489.3	1048.93	177.82		2389.19	
深圳	32.17	64.5					2029.14	1120.02	3245.83	
石家庄		299.02	25.36	1511.04	339.27	518.68	555.22	356.23	3604.82	
天津		2152.69	2084.48	2930.6	2370.8	3561.48	4906.51	1380.04	19386.6	
温州	29.76	111.55	99.27	8.05	190.91	280.06	360.17	50.76	1130.53	
武汉	78.26								78.26	
西安							1173.07	754.26	1927.28	

图 4-36 包含"报表筛选"字段的数据透视表

操作步骤如下：

（1）选中数据透视表中任一单元格，单击"数据透视表工具"|"选项"按钮右侧的下拉按钮，在弹出的下拉菜单中，选择"显示报表筛选页"命令。

（2）在弹出的"显示报表筛选页"对话框中选定要显示的筛选字段，单击"确定"按钮完成显示报表筛选页的操作，效果如图 4-37 所示。

地区	华北									
求和项:订货金额	年		订货日期							
	⊟2002年		⊟2003年				⊟2004年		总计	
城市	第三季	第四季	第一季	第二季	第三季	第四季	第一季	第二季	总计	
北京	1384.41	312.7		102.02	930.07	884.29	507.52		4121.01	
长治	58.17								58.17	
秦皇岛	150.64	126.56	207.61	102.77	69.05	136.97	182.37	253.11	1229.08	
石家庄		299.02	25.36	1511.04	339.27	518.68	555.22	356.23	3604.82	
天津		2152.69	2084.48	2930.6	2370.8	3561.48	4906.51	1380.04	19386.6	
张家口	212.75	7.98	140.53	33.1	597.9	154.52	523.41	472.76	2142.95	
总计	1805.97	2898.95	2457.98	4679.53	4307.09	5255.94	6675.03	2462.14	30542.63	

数据透视图　东北　华东　华南　华中　西北　西南　数据透视表　产品销售

图 4-37　显示报表筛选页效果

4.4　合并运算

在日常工作中，经常需要将结构相似或内容相同的多张数据列表进行合并汇总，使用 Excel 中的合并计算功能可以轻松完成这项任务。

Excel 中的合并计算功能可以汇总或合并多个数据源区域中的数据。合并计算的数据源区域可以是同一个工作表中的不同表格，也可以是同一工作簿中的不同工作表，还可以是不同工作表中的表格。

认识合并运算

4.4.1　按类别合并

图 4-38 中有两张结构相同的数据表，"表一"和"表二"，利用合并计算可以轻松地将这两张表进行合并汇总，操作步骤如下：

表一			表二			
城市	数量	金额	城市	数量	金额	
南京	100	2,000	北京	30	4,050	
上海	80	2,100	上海	60	2,000	
北京	90	3,450	海口	100	9,000	
海口	110	6,000	南京	90	3,000	

图 4-38　结构相同数据表

（1）选中 A13 单元格，作为合并计算后结果存放的起始位置，再单击"数据"|"合并计算"按钮，打开"合并计算"对话框。

（2）激活"引用位置"的编辑框，选中"表一"的 A2:D6 单元格区域，然后单击"添加"按钮，同样方法把"表二"的相应区域添加到引用位置。

（3）选择"首行"和"最左列"选项，单击"确定"按钮，显示结果如图 4-39 所示。

结果表		
	数量	金额
南京	190	5,000
上海	140	4,100
北京	120	7,500
海口	210	15,000

图 4-39　数据表合并结果

注意

（1）在使用按类别合并的功能时，数据源列表必须包含行或列标题，并且在“合并计算”对话框的“标签位置”组合框中选择相应的复选框。

（2）合并的结果表中包含行或列标题，但在同时选中的“首行”和“最左列”复选框时，所生成的合并结果表会缺失第一列的标题。

（3）合并后，结果表的数据项排列顺序是按第一个数据表的数据项顺序排列的。

（4）合并计算过程不能复制数据表的格式，如果设置结果表的格式，可以使用“格式刷”。

4.4.2 创建分户报表

合并计算可以按类别进行合并，如果引用区域的行、列方向均包含了多个类别时，则可以利用合并计算功能将引用区域中的全部类别汇总到同一表格上并显示所有明细。

图 4-40 所示是南京、上海、海口和珠海 4 个城市的销售额数据，分别在 4 张工作表中。运用合并计算功能可以方便地制作出 4 个城市的销售分户汇总报表，如图 4-41 所示。

注意

要利用合并计算创建分户报表，计算列的标题名称不能相同，如果相同会计算成一列，不能实现创建分户报表。

（1）若创建动态的数据合并计算报表，在合并计算中要动态引用数据区域。

（2）包含多个非数字分类项的合并计算可以引入附加列（合并列），然后用分列的方法进行处理。

2012年8月份销售情况表

品种	南京销售额
B产品	6650
C产品	8000
D产品	1000

2012年8月份销售情况表

品种	上海销售额
A产品	5000
C产品	7000
D产品	1000
G产品	6000

2012年8月份销售情况表

品种	海口销售额
B产品	6650
A产品	5000
C产品	8000

2012年8月份销售情况表

品种	珠海销售额
C产品	8000
F产品	1200

图 4-40　4 个城市的销售数据

2012年8月分户销售情况表

	海口销售额	南京销售额	上海销售额	珠海销售额
B产品	6650	6650		
A产品	5000		5000	
C产品	8000	8000	7000	8000
D产品		1000	1000	
G产品			6000	
F产品				1200

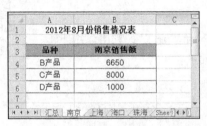

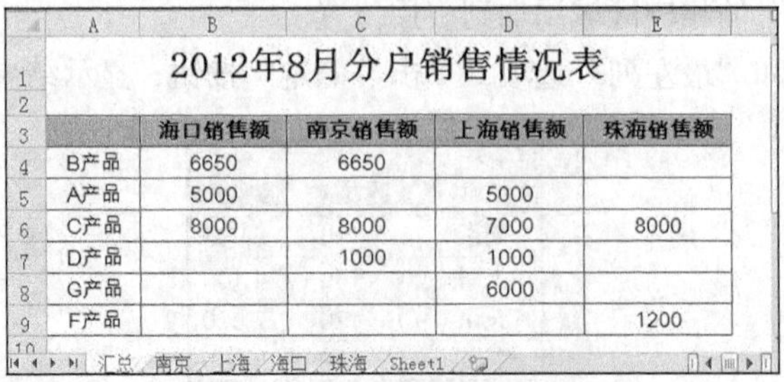

图 4-41　4 个城市的销售分户汇总报表

4.4.3　有选择地合并计算

有选择地合并计算

图 4-42 列出了南京天水加油站的 3 个月的信息，如果要汇总 0 号柴油的"销售数量"和"销售金额"，可以使用合并计算功能。

	A	B	C	D	E	F	G
1	日期	售达方	实际客户名称	销售数量	物料	物料号码	销售金额
2	2011/5/1	88580206	南京天水加油站	37,375.55	70000679	0号柴油	324,405.00
3	2011/5/1	88580206	南京天水加油站	5,879.30	70000679	0号柴油	50,890.00
4	2011/5/1	88580206	南京天水加油站	21,921.39	70000679	0号柴油	189,486.00
5	2011/5/1	88580206	南京天水加油站	37,543.53	70000679	0号柴油	324,075.00
6	2011/5/1	88580206	南京天水加油站	79,538.53	70000679	0号柴油	685,628.00
7	2011/5/2	88580206	南京天水加油站	34,267.92	70000679	0号柴油	297,432.00
8	2011/5/2	88580206	南京天水加油站	16,294.06	70000679	0号柴油	141,232.00
9	2011/5/2	88580206	南京天水加油站	21,837.40	70000679	0号柴油	189,020.00
10	2011/5/2	88580206	南京天水加油站	23,181.24	70000679	0号柴油	200,376.00
11	2011/5/2	88580206	南京天水加油站	43,002.88	70000679	0号柴油	371,200.00
12	2011/5/3	88580206	南京天水加油站	44,094.75	70000679	0号柴油	382,725.00
13	2011/5/3	88580206	南京天水加油站	4,535.46	70000679	0号柴油	39,312.00
14	2011/5/3	88580206	南京天水加油站	17,805.88	70000679	0号柴油	154,124.00
15	2011/5/3	88580206	南京天水加油站	8,399.00	70000679	0号柴油	72,600.00
16	2011/5/3	88580206	南京天水加油站	66,184.12	70000679	0号柴油	571,300.00
17	2011/5/3	88580206	南京天水加油站	23,685.18	70000679	0号柴油	204,168.00

汇总　5月　6月　7月

	A	B	C	D	E	F	G
1	日期	售达方	实际客户名称	销售数量	物料	物料号码	销售金额
2	2011/6/1	88580206	南京天水加油站	3,657.10	70000679	0号柴油	31,667.76
3	2011/6/1	88580206	南京天水加油站	4,347.72	70000679	0号柴油	37,596.00
4	2011/6/1	88580206	南京天水加油站	12,457.89	70000679	0号柴油	107,578.00
5	2011/6/1	88580206	南京天水加油站	30,099.60	70000679	0号柴油	259,560.00
6	2011/6/1	88580206	南京天水加油站	22,156.65	70000679	0号柴油	190,800.00
7	2011/6/2	88580206	南京天水加油站	35,450.64	70000679	0号柴油	305,916.00
8	2011/6/2	88580206	南京天水加油站	38,878.65	70000679	0号柴油	335,350.00
9	2011/6/3	88580206	南京天水加油站	50,333.22	70000679	0号柴油	434,190.00
10	2011/6/3	88580206	南京天水加油站	47,323.26	70000679	0号柴油	408,227.00
11	2011/6/4	88580206	南京天水加油站	50,333.22	70000679	0号柴油	434,336.00
12	2011/6/4	88580206	南京天水加油站	43,059.15	70000679	0号柴油	371,408.00
13	2011/6/5	88580206	南京天水加油站	10,033.20	70000679	0号柴油	86,400.00
14	2011/6/5	88580206	南京天水加油站	17,307.27	70000679	0号柴油	149,247.00
15	2011/6/5	88580206	南京天水加油站	2,842.74	70000679	0号柴油	24,616.00
16	2011/6/5	88580206	南京天水加油站	17,056.44	70000679	0号柴油	147,492.00
17	2011/6/5	88580206	南京天水加油站	15,969.51	70000679	0号柴油	137,992.00

汇总　5月　6月　7月

	A	B	C	D	E	F	G
1	日期	售达方	实际客户名称	销售数量	物料	物料号码	销售金额
2	2011/7/1	88580206	南京天水加油站	498.30	70000679	0号柴油	4,314.00
3	2011/7/1	88580206	南京天水加油站	27,323.45	70000679	0号柴油	234,577.00
4	2011/7/1	88580206	南京天水加油站	12,789.70	70000679	0号柴油	110,110.00
5	2011/7/1	88580206	南京天水加油站	9,135.50	70000679	0号柴油	78,760.00
6	2011/7/1	88580206	南京天水加油站	2,491.50	70000679	0号柴油	21,510.00
7	2011/7/1	88580206	南京天水加油站	16,443.90	70000679	0号柴油	141,174.00
8	2011/7/1	88580206	南京天水加油站	1,079.65	70000679	0号柴油	9,295.00
9	2011/7/1	88580206	南京天水加油站	5,149.10	70000679	0号柴油	44,392.00
10	2011/7/1	88580206	南京天水加油站	2,076.25	70000679	0号柴油	17,925.00
11	2011/7/1	88580206	南京天水加油站	1,079.65	70000679	0号柴油	9,334.00
12	2011/7/2	88580206	南京天水加油站	37,372.50	70000679	0号柴油	320,850.00
13	2011/7/2	88580206	南京天水加油站	3,072.85	70000679	0号柴油	26,529.00
14	2011/7/2	88580206	南京天水加油站	4,983.00	70000679	0号柴油	42,960.00
15	2011/7/2	88580206	南京天水加油站	22,174.35	70000679	0号柴油	190,905.00
16	2011/7/2	88580206	南京天水加油站	9,966.00	70000679	0号柴油	85,680.00
17	2011/7/2	88580206	南京天水加油站	9,135.50	70000679	0号柴油	78,540.00

汇总　5月　6月　7月

图 4-42　加油站的 3 个月的信息

尽管在"销售数量"和"销售金额"两列之间还包含其他文本型数据列，合并计算仍然可以有选择地进行计算。操作步骤如下：

（1）在"汇总"工作表的 A1:C1 单元格区域，分别输入所需汇总的列字段名称："日期""销售金额""销售数量"，然后选中 A1:C1 单元格区域，这是最关键的步骤。

（2）单击"数据"|"数据工具"|"合并计算"按钮，打开"合并计算"对话框。

（3）在"合并计算"对话框的"所有引用位置"列表框中分别添加 5 月、6 月、7 月工作表的数据区域地址，如图 4-43 所示。

图 4-43　添加数据区域地址

（4）单击"确定"按钮，即可生成图 4-44 所示的合并计算结果，再修改 A 列单元格的"日期"格式，结果如图 4-45 所示。

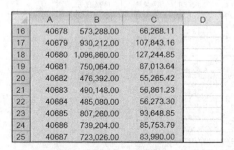

图 4-44　合并计算结果

	日期	销售金额	销售数量
20	2011年5月19日	476,392.00	55,265.42
21	2011年5月20日	490,148.00	56,861.23
22	2011年5月21日	485,080.00	56,273.30
23	2011年5月22日	807,260.00	93,648.85
24	2011年5月23日	739,204.00	85,753.79
25	2011年5月24日	723,026.00	83,990.00
26	2011年5月25日	628,394.00	72,987.31
27	2011年5月26日	788,418.00	91,633.09
28	2011年5月28日	1,654,529.00	192,421.09
29	2011年5月29日	626,051.00	72,819.33
30	2011年5月30日	487,203.00	56,609.26
31	2011年5月31日	563,333.00	65,512.20
32	2011年6月1日	627,201.76	72,718.96
33	2011年6月2日	641,266.00	74,329.29
34	2011年6月3日	842,417.00	97,656.48
35	2011年6月4日	805,744.00	93,392.37
36	2011年6月5日	807,651.00	93,559.59
37	2011年6月6日	655,052.00	75,917.88
38	2011年6月7日	627,720.00	72,740.70
39	2011年6月8日	736,513.00	85,449.42
40	2011年6月9日	138,686.00	16,053.12
41	2011年6月10日	760,209.00	88,128.26

图 4-45　修改"日期"格式结果

4.5　模拟分析

模拟运算表实际上是对工作表中的一个单元格区域进行模拟运算。它可以反映一个计算公式中某些数值的变化对计算结果的影响。模拟运算表为同时求解某一运算中所有可能的变化值提供了捷径，由于它可以将不同的计算结果以列表的方式同时显示出来，因而便于查看、比较和分析数据。

Excel 中模拟运算表有两种形式：单变量模拟运算表和双变量模拟运算表。

（1）单变量模拟运算表：当其他因素不变时，用来分析一个参数的变化对目标值的影响。例如，要计算一笔贷款的分期付款额，可用财务函数 PMT() 来计算，而要分析不同利率对每月贷款的影响时，则需要用单变量模拟运算。

（2）双变量模拟运算表：当其他因素不变时，用来分析两个参数的变化对目标值的影响。双变量模拟运算表中的两个参数使用同一个公式，这个公式必须引用两个不同的单元格。

4.5.1　单变量求解

单变量求解

以房贷为例，许多购买者通常先考虑自己可以承受的月供范围，再计算可以贷款的额度和期限，对于此类问题，也可以借助单变量求解工具来解决。

假设某客户预期每月还款 3000 元，需要贷款 40 万元，目前的贷款利率为 7.05%，计算还清贷款的时间。操作步骤如下：

（1）将已知条件输入工作表中，如图 4-46 所示。

（2）在 B3 单元格中输入公式 "=PMT(B1/12,B4,-B2)"，建立计算模型。

（3）在 B4 单元格中输入初始值，然后选定 B3 单元格，打开 "单变量求解" 对话框，在对话框中设置相关的参数，如图 4-47 所示。

（4）单击 "确定" 按钮，最终显示结果如图 4-48 所示。

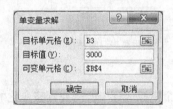

图 4-46　输入条件　　　　　　　　图 4-47　设置参数

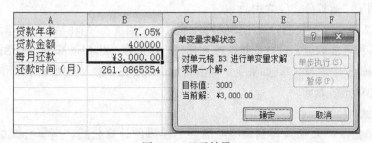

图 4-48　显示结果

4.5.2　模拟运算求解

模拟运算求解

2019 年国家颁布了新的个人所得税法，个人工资和奖金的所得税计算方法有所调整，个税起征点从 3500 元调整到 5000 元，根据最新的税率计算方式，假定税前计税工资位于 A2 单元格，可在 B2 单元格中输入以下公式计算个人所得税：
"=ROUND(MAX((A2-5000)*{3;10;20;25;30;35;45}%-{0;210;1410;2660;4410;7160;15160},0),2)"

公式中的两个常量数组分别是 7 级税率和与其对应的速算扣除数，如图 4-49 所示。

税前计税工资	个人所得税
4021	0

图 4-49 两个常量数组

如果希望通过这个模型，对多个不同档次的收入人群进行个税状况的观察或计算，可以通过以下模拟分析的方法。操作步骤如下：

（1）假定观察计税工资范围在 4000～20000 元，每 2000 元为一个级别，可在 A3 单元格中输入 4000，然后向下填充，直到 A11 单元格。

（2）选定 A2:B11 单元格区域，单击"数据"|"预测"|"模拟分析"按钮，选择"模拟运算表"命令，弹出图 4-50 所示的对话框，在"输入引用列的单元格"编辑框中输入唯一变量所在的地址"$A$2"，单击"确定"按钮，数据表显示结果如图 4-51 所示。

图 4-50 "模拟运算表"对话框

税前计税工资	个人所得税	调整前的个税	差异比例
4021	0	178.15	4.43%
4000	0	175	4.38%
6000	30	475	7.42%
8000	195	825	7.88%
10000	445	1225	7.80%
12000	845	1625	6.50%
14000	1245	2025	5.57%
16000	1745	2425	4.25%
18000	2245	2825	3.22%
20000	2745	3225	2.40%

图 4-51 数据表显示结果

1. 变量

变量是整个模拟运算中所需要调整变化的参数，也是整个运算的重要依据。这个变量同时也是指"模拟运算表"对话框中"输入引用行的单元格"或"输入引用列的单元格"指向的单元格，并且必须被引用于"运算公式"之中。

本例中，A2 单元格存放的计税工资就代表了这个"变量"。而在 A3:A11 单元格区域预先设置了此变量的各种可能取值，这些变量值按列排列，因此在"模拟运算表"对话框的"输入引用列的单元格"编辑框中填写 A2，如果变量取值为行，则要在"输入引用行的单元格"的编辑框中输入相应变量的单元格地址。

2. 运算公式

运算公式是指从已知参数得到最终所需要的结果的计算公式。运算公式的作用在于告知 Excel 如何从参数得到用户希望了解的结果。本例 B2 单元格的公式即为运算公式。此外，公式中"变量"所指向的单元格并非必须包含真实数值或实际的公式运算意义，只需与"模拟运算表"对话框"输入引用行（列）的单元格"编辑框中的引用单元格一致，并且在公式中形成正确的运算关系。

3. 工作区域

工作区域包括变量参数取值的存放位置、运算公式的存放位置，以及运算结果的存放位置。其中，变量参数取值的存放位置位于模拟运算表工作区域的首行或首列，首行即模拟运算表的参数引用行，首列即模拟运算表的参数引用列。

如果是单变量模拟运算表，运算公式必须放置在工作区域的首行或首列。如果是双变量模拟运算表，计算公式必须位于工作区域左上单元格。除左上单元格外，变量引用单元格不能位于"模拟运算表"的工作区域内。

4. 模拟运算表与普通公式的异同

（1）公式的创建和修改：使用模拟运算表创建运算与多单元格联合数组公式相似，一次性创建，对多个变量个体进行运算分析时不需要进行公式的复制填充。

多单元格联合数组公式可以对公式进行统一修改，而模拟运算表中的数组公式不能直接进行修改，但是可以通过修改首行或首列中的运算公式来实现。

（2）公式的参数引用：使用模拟运算表在输入公式时，只需要保证所引用的参数必须包含"变量"所指向的单元格，而不用考虑单元格地址的相对引用和绝对引用的问题。

使用一般的公式运算，在输入公式时要考虑公式的复制对参数单元格引用的影响，需要注意行列参数的绝对引用或相对引用。

（3）运算结果的复制：模拟运算表所产生的结果，复制到其他单元格区域后，目标单元格只保留原有的数据结果，而不含公式。

一般公式运算后所产生的结果，复制到其他单元格区域，会默认保留其中的公式内容，并且自动更改公式中所使用的相对单元格地址。

（4）公式的自动重算：模拟运算表中的公式运算可以与一般公式隔离开处理，当其他公式采用自动运算方式时，模拟运算表中的公式仍可以使用手动重复计算方式。可以在"Excel 选项"对话框"公式"选项卡的"计算选项"组中选择"除模拟运算表外，自动重算"单选按钮。

在 Excel 选项中可以设置公式的运算方式为"自动重算"或"手动重算"，当工作表中包含大量公式特别是包含易失性函数时，使用手动重算功能可以避免自动重算所带来的长时间系统消耗。

4.5.3　函数求解

许多人在贷款买房时，要考虑自己的偿还能力、贷款金额和贷款期限。考虑因素包括利率的变化，月还款的承受能力和利息总额等。

本案例中，应用 Excel 的模拟运算表，当还款期限为 10 年，分析当银行利率或贷款额度发生变化时，用户的月偿还额应是多少。模拟运算表如图 4-52 所示。

月还款							
5818.32	3.50%	4.50%	5.50%	6.50%	7.05%	8.50%	9.50%
300000.00	2966.58	3109.15	3255.79	3406.44	3490.99	3719.57	3881.93
350000.00	3461.01	3627.34	3798.42	3974.18	4072.82	4339.50	4528.91
400000.00	3955.43	4145.54	4341.05	4541.92	4654.65	4959.43	5175.90
450000.00	4449.86	4663.73	4883.68	5109.66	5236.49	5579.36	5822.89
500000.00	4944.29	5181.92	5426.31	5677.40	5818.32	6199.28	6469.88
550000.00	5438.72	5700.11	5968.95	6245.14	6400.15	6819.21	7116.87
600000.00	5933.15	6218.30	6511.58	6812.88	6981.98	7439.14	7763.85
650000.00	6427.58	6736.50	7054.21	7380.62	7563.81	8059.07	8410.84
700000.00	6922.01	7254.69	7596.84	7948.36	8145.64	8679.00	9057.83
750000.00	7416.44	7772.88	8139.47	8516.10	8727.48	9298.93	9704.82
800000.00	7910.87	8291.07	8682.10	9083.84	9309.31	9918.86	10351.80

图 4-52　模拟运算表

1. 知识点分析

PMT()函数：基于固定利率及等额分期付款方式，返回贷款的每期付款额。

语法：PMT(rate,nper,pv,[fv],[type])。

PMT()中参数的详细说明：

- rate 为贷款利率；

- nper 为该项贷款的付款期限，按月计数；

- pv 为现值或一系列未来付款的当前值的累积和，也称为本金；

- fv 为未来值或在最后一次付款后希望得到的现金余额，如果省略 fv，则假设其值为零，也就是一笔贷款的未来值为零；

- type 为数字 0 或 1，用以指定各期的付款时间是在期初还是期末。

PMT()函数返回的支付款项包括本金和利息，但不包括税款、保留支付以及某些与贷款有关的费用。应确认所指定的 rate 和 nper 单位的一致性。例如，同样是四年期年利率为 12%的贷款，如果按月支付，rate 应为 12%/12，nper 应为 4×12；如果按年支付，rate 应为 12%，nper 为 4。

2. 操作步骤

（1）建立图 4-53 所示的贷款数据表。

（2）该表是以贷款 500000 元，还款期限 10 年，年利率 7.05%为基础，是以等额分期付款为方式做的月还款额。

（3）在 D3 单元格输入 300000，向下填充，步长为 50000，填充到 D13 单元格，在 E2 单元格输入 3.50%横向填充，填充到 K2 单元格，值为 9.50%，步长为 1%，修改 I2 单元格的值 7.5%为 7.05%。

（4）选定 D2:K13 单元格区域，调出"模拟运算表"对话框，填充内容如图 4-54 所示。

图 4-53　贷款数据表

图 4-54　"模拟运算表"对话框

（5）单击"确定"按钮，运算结果如图 4-55 所示。

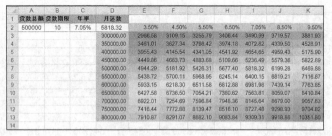

图 4-55　运算结果显示

3. 通过方案进行多变量假设分析

我们知道房贷模型包含 3 个变量：年利率、贷款总额和还款期限。上例分析的是 10 年贷款期限，若贷款期限为 15 年、20 年呢？可以看出要同时对 3 个变量变化取值进行分析，仅凭模拟运算表有些力不从心，可以通过方案管理器功能来实现。

选中贷款年限所在的 B2 单元格，单击"数据"|"预测"|"模拟分析"按钮，选择"方案管理器"命令。在打开的"方案管理器"对话框中"方案"列表框中添加方案，如图 4-56 所示。

图 4-56　"方案管理器"对话框

在"方案管理器"中选中不同的方案后，单击"显示"按钮，就会自动在表格中更改变量的值，相应的模拟运算表也会发生变化，如图 4-57 所示。

月还款						
4508.13	3.50%	4.50%	5.50%	6.50%	7.05%	8.50%	9.50%
300000.00	2144.65	2294.98	2451.25	2613.32	2704.88	2954.22	3132.67
350000.00	2502.09	2677.48	2859.79	3048.88	3155.69	3446.59	3654.79
400000.00	2859.53	3059.97	3268.33	3484.43	3606.50	3938.96	4176.90
450000.00	3216.97	3442.47	3676.88	3919.98	4057.32	4431.33	4699.01
500000.00	3574.41	3824.97	4085.42	4355.54	4508.13	4923.70	5221.12
550000.00	3931.85	4207.46	4493.96	4791.09	4958.94	5416.07	5743.24
600000.00	4289.30	4589.96	4902.50	5226.64	5409.76	5908.44	6265.35
650000.00	4646.74	4972.46	5311.04	5662.20	5860.57	6400.81	6787.46
700000.00	5004.18	5354.95	5719.58	6097.75	6311.38	6893.18	7309.57
750000.00	5361.62	5737.45	6128.13	6533.31	6762.19	7385.55	7831.69
800000.00	5719.06	6119.95	6536.67	6968.86	7213.01	7877.92	8353.80

（a）15 年贷款期限的结果

D	E	F	G	H	I	J	K
月还款							
3891.52	3.50%	4.50%	5.50%	6.50%	7.05%	8.50%	9.50%
300000.00	1739.88	1897.95	2063.66	2236.72	2334.91	2603.47	2796.39
350000.00	2029.88	2214.27	2407.61	2609.51	2724.06	3037.38	3262.46
400000.00	2319.84	2530.60	2751.55	2982.29	3113.21	3471.29	3728.52
450000.00	2609.82	2846.92	3095.49	3355.08	3502.36	3905.20	4194.59
500000.00	2899.80	3163.25	3439.44	3727.87	3891.52	4339.12	4660.66
550000.00	3189.78	3479.57	3783.38	4100.65	4280.67	4773.03	5126.72
600000.00	3479.76	3795.90	4127.32	4473.44	4669.82	5206.94	5592.79
650000.00	3769.74	4112.22	4471.27	4846.23	5058.97	5640.85	6058.85
700000.00	4059.72	4428.55	4815.21	5219.01	5448.12	6074.76	6524.92
750000.00	4349.70	4744.87	5159.15	5591.80	5837.27	6508.67	6990.98
800000.00	4639.68	5061.20	5503.10	5964.59	6226.42	6942.59	7457.05

（b）20 年贷款期限的结果

D	E	F	G	H	I	J	K
月还款							
5818.32	3.50%	4.50%	5.50%	6.50%	7.05%	8.50%	9.50%
300000.00	2966.58	3109.15	3255.79	3406.44	3490.99	3719.57	3881.93
350000.00	3461.01	3627.34	3798.42	3974.18	4072.82	4339.50	4528.91
400000.00	3955.43	4145.54	4341.05	4541.92	4654.65	4959.43	5175.90
450000.00	4449.86	4663.73	4883.68	5109.66	5236.49	5579.36	5822.89
500000.00	4944.29	5181.92	5426.31	5677.40	5818.32	6199.28	6469.88
550000.00	5438.72	5700.11	5968.95	6245.14	6400.15	6819.21	7116.87
600000.00	5933.15	6218.30	6511.58	6812.88	6981.98	7439.14	7763.85
650000.00	6427.58	6736.50	7054.21	7380.62	7563.81	8059.07	8410.84
700000.00	6922.01	7254.69	7596.84	7948.36	8145.64	8679.00	9057.83
750000.00	7416.44	7772.88	8139.47	8516.10	8727.48	9298.93	9704.82
800000.00	7910.87	8291.07	8682.10	9083.84	9309.31	9918.86	10351.80

（c）基准贷款期限的结果

图 4-57　"方案管理器"中不同方案的结果

4．方案摘要

通过"方案管理器"对话框可以选择不同的方案分别显示相应的假设分析运算结果，如果希望这些结果同时显示在一起，可以将方案生成"摘要"。

在"方案管理器"对话框中单击"摘要"按钮，打开"方案摘要"对话框，在"报表类型"选项中选择"方案摘要"单选按钮，然后在"结果单元格"编辑框中输入需要显示结果数据的单元格区域，单击"确定"按钮，显示如图 4-58 所示。如用户要看 3.50%～9.50% 的结果，可选取"E3:E13,K3:K13"，单击"确定"按钮，显示结果如图 4-59 所示。

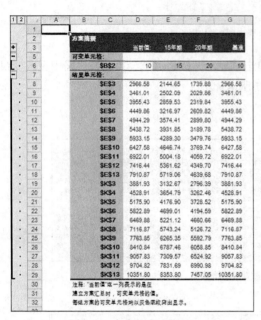

图 4-58　方案生成"摘要"　　　　　　　图 4-59　显示结果

习　题

一、单项选择题

1．在 Excel 2016 中，高级筛选的条件区域在（　　　）。

（A）数据表区域的左面　　　　　　（B）数据表区域的下面

（C）数据表区域的后面　　　　　　（D）以上均可

2．用 Excel 2016 创建一个学生成绩表，要按照班级统计出某门课程的平均分，需要使用的方式是（　　　）。

（A）数据筛选　　（B）分类求和　　（C）合并计算　　（D）排序

3．在 Excel 2016 中，关于"筛选"的正确叙述是（　　　）。

（A）如果所选条件出现在多列中，并且条件间有"与"的关系，必须使用高级筛选

（B）不同字段之间进行"或"运算的条件必须使用高级筛选

（C）自动筛选的条件只能是一个，高级筛选的条件可以是多个

（D）自动筛选和高级筛选都可以将结果筛选至另外的区域中

4. 在 Excel 2016 中，下面关于分类汇总的叙述错误的是（　　　　）。

（A）分类汇总前必须按关键字段排序数据库

（B）汇总方式只能是求和

（C）分类汇总的关键字段只能是一个字段

（D）分类汇总可以被删除，但删除汇总后排序操作不能撤销

5. 下列需要引用绝对地址的是（　　　　）。

（A）当把一个含有单元格地址的公式复制到一个新的位置时，为使公式中单元格地址随新位置而变化

（B）当在引用的函数中填入一个范围时，为使函数中的范围随地址位置不同而变化

（C）当把一个含有范围的公式或函数复制到一个新的位置时，为使公式或函数中范围随新位置不同而变化

（D）当把一个含有范围的公式或函数复制到一个新的位置时，为使公式或函数中范围不随新位置不同而变化

二、简答题

1. 在 Excel 2016 中，筛选数据有哪两种方法？如何筛选出性别为"男"的所有学生名单。

2. 在 Excel 2016 中，数据排序有几种方法？

3. 简答分类汇总的步骤。

4. 简答根据关键字动态标识记录行的操作步骤。

5. 什么是数据透视表？数据透视表主要用途是什么？

三、操作题

小刘是一所初中的学生处负责人，负责本校学生的成绩管理。他通过 Excel 来管理学生成绩，现在第一学期期末考试刚刚结束，小刘将初一年级 3 个班级部分学生成绩录入了文件名为"初一年级第一学期期末成绩.xlsx"的 Excel 工作簿文档中，如图 4-60 所示。

初一年级第一学期期末成绩									
学号	姓名	班级	语文	数学	英语	生物	地理	历史	政治
C120305	王清华	3班	91.5	89	94	92	91	86	86
C120101	包宏伟	1班	97.5	106	108	98	99	99	96
C120203	吉祥	2班	93	99	92	86	86	73	92
C120104	刘康锋	1班	102	116	113	78	88	86	74
C120301	刘鹏举	3班	99	98	101	95	91	95	78
C120306	齐飞扬	3班	101	94	99	90	87	95	93
C120206	闫朝霞	2班	100.5	103	104	88	89	78	90
C120302	孙玉敏	3班	78	95	94	82	90	93	84
C120204	苏解放	2班	95.5	92	96	84	95	91	92
C120201	杜学江	2班	94.5	107	96	100	93	92	93
C120103	李北大	3班	95	97	102	93	95	92	88
C120105	李娜娜	1班	95	85	99	98	92	92	88
C120105	张桂花	1班	88	98	101	89	73	95	91
C120202	陈万地	2班	86	107	89	88	92	88	89
C120205	倪冬声	2班	103.5	105	105	93	93	90	86
C120102	符合	1班	110	95	98	99	93	93	92
C120303	曾令煊	3班	85.5	100	97	87	78	89	93
C120106	谢如康	1班	90	111	116	75	95	93	95

图 4-60　初一年级第一学期期末成绩

请你根据下列要求帮助小刘同学对该成绩单进行整理和分析：

1. 请对"初一年级第一学期期末成绩"工作表进行格式调整，通过套用表格格式方法将所有的成绩记录调整为一致的外观格式，并对该工作表"初一年级第一学期期末成绩"中的数据列表进行格式化操作：将"学号"列设为文本，将所有成绩列设为保留两位小数的数值，设置对齐方

式，增加适当的边框和底纹以使工作表更加美观。

2. 利用"条件格式"功能进行下列设置：将语文、数学、英语 3 科中不低于 110 分的成绩所在的单元格以一种颜色填充，所用颜色深浅以不遮挡数据为宜。

3. 利用 SUM() 和 AVERAGE() 函数计算每一个学生的总分及平均成绩。

4. 学号第 4 位、第 5 位代表学生所在的班级，例如："C120101"代表 12 级 1 班。请通过函数提取每个学生所在的专业并按下列对应关系填写在"班级"列中：

"学号"的第 4 位、第 5 位	对应班级
01	1 班
02	2 班
03	3 班

5. 根据学号，请在"初一年级第一学期期末成绩"工作表的"姓名"列中，使用 VLOOKUP() 函数完成姓名的自动填充。"姓名"和"学号"的对应关系在"学号对照"工作表中。

6. 在"成绩分类汇总"中通过分类汇总功能求出每个班各科的最大值，并将汇总结果显示在数据下方。

7. 以分类汇总结果为基础，创建一个簇状条形图，对每个班各科最大值进行比较。

第5章
规划求解

规划求解是 Microsoft Excel 加载项程序，可用于模拟分析。使用规划求解查找一个单元格（称为目标单元格）中公式的优化（最大或最小）值，受限或受制于工作表上其他公式单元格的值。

规划求解与一组用于计算目标和约束单元格中公式的单元格（称为决策变量或变量单元格）一起使用。规划求解调整决策变量单元格中的值以满足约束单元格上的限制，并产生对目标单元格期望的结果。规划求解的特点如下：

（1）有多个可以调整的单元格。

（2）可以通过更改其他单元格来确定某个单元格的最大值或最小值。

（3）可以指定可调整单元格可能的数值约束。

（4）一个问题可以有多个解。

简单来说，使用规划求解可通过更改其他单元格来确定一个单元格的最大值或最小值。例如，可以更改计划的广告预算金额，并查看对计划利润额产生的影响。

5.1　规划求解基础

5.1.1　规划求解问题的特点

规划求解是一组命令的组成部分，这些命令有时也称作假设分析工具，即该过程通过更改单元格中的值来查看这些更改对工作表中公式结果的影响。规划求解主要是为工作表中的目标单元格中的公式找到一个优化值，在保证工作表中的其他数据保持在设置的范围之内时，通过改变输入值从而求出最优解。一般来讲，适合使用规划求解的问题具有如下特点：

规划求解概述

（1）目标单元格的解都有单一的目标，如求运输的最佳路线，值班人员的最佳安排时间表，产品的最低成本等。

（2）对于目标单元格的解存在有明确的可以用不等式表达的约束条件和限制。

（3）可以把问题的表达描述为：一组约束条件及限制（不等式），一个目标方程。

（4）输入值直接或间接地影响约束条件和目标单元格的解。

（5）利用 Excel 可以简单地求得问题满足约束条件和限制求得的目标最优解。

正确创建工作表后，可以使用规划求解来调整可变单元格，并且在目标单元格中生成所需的结果，同时满足所定义的所有约束条件。

5.1.2 规划求解问题的组成部分

规划求解的组成

在 Excel 中，一个规划求解问题由以下三个部分组成。

1. 可变单元格

可变单元格是实际问题中有待解决的未知因素。一个规划问题中可能有一个变量，也可能有多个变量，也就是说，在 Excel 的规划求解模型中，可能有一个可变单元格，也可能有一组可变单元格。可变单元格也称为决策变量，一组决策变量代表一个规划求解的方案。

2. 目标函数

目标函数表示规划求解要达到的最终目标，如求最大利润、最短路径、最小成本、最佳产品搭配等。在 Excel 中，目标函数与可变单元格有直接或间接的联系，目标函数是规划求解的关键。它可以是线性函数，也可以是非线性函数。

3. 约束条件

约束条件是实现目标的限制条件，规划求解是否有解与约束条件有密切的关系，它对可变单元格中的值起着直接的限制作用。约束条件可以是等式，也可以是不等式。

通过规划求解，用户可为工作表目标单元格中的公式找到一个优化值，规划求解将直接或间接与目标单元格公式相联系的一组单元格数值进行调整，最终在目标单元格公式中求得期望的结果。

5.1.3 规划求解问题的步骤

规划求解问题的步骤

这里以一个简单的示例来介绍规划求解的步骤，图 5-1 所示为一个用户计算 3 种产品利润的工作表。B 列显示了每种产品的单位数量，C 列显示了每种产品的单位利润，D 列为总利润计算公式，即产品的单位利润乘以单位数量。

	A	B	C	D	E
1					
2		单位数量	单位利润	总利润	
3	产品A	25	$13	$325	
4	产品B	25	$18	$450	
5	产品C	25	$22	$550	
6	总共	75		$1,325	
7					

图 5-1　3 种产品利润的工作表

我们可以发现，最大的总利润值为产品 C，因此，实现总利润最大化的逻辑解决方案是只生产产品 C。然而，大多数情况下，这家公司必须符合一定的条件：

（1）总生产能力是每天生产 300 件产品。

（2）公司需要 50 件产品 A 来满足现有订单要求。

（3）公司需要 40 件产品 B 来满足预订的订单要求。

（4）由于产品 C 的市场需求相对有限，因此公司不希望所生产的产品 C 数量超过 40 件。

以上 4 项约束条件使得问题更符合现实情况，也更具难度。事实上，上述这种问题非常适合通过规划求解来解决。

在进入更细致的讨论前，首先需要说明使用规划求解功能解决问题的基本过程。

（1）使用数值与公式创建工作表。确保单元格格式符合逻辑性要求，例如，如果不能生产半个产品，则需要将这些单元格格式设置为不能含有小数值。

（2）单击"数据"|"分析"|"规划求解"按钮，打开"规划求解参数"对话框，如图 5-2 所示。

（3）指定目标单元格。

（4）指定含有可变单元格的区域。

（5）指定约束条件。

（6）根据需要更改规划求解选项。

（7）单击"求解"按钮，使用规划求解解决问题。

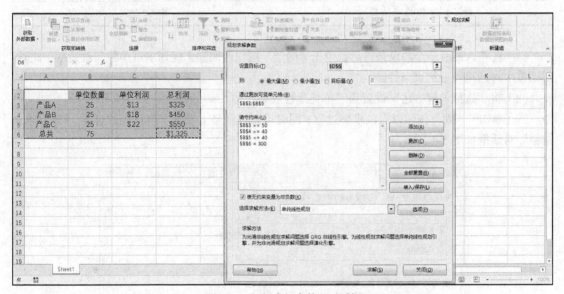

图 5-2　"规划求解参数"对话框

在本示例中，目标单元格是单元格 D6，该单元格用于计算 3 种产品的总利润。

（1）在"规划求解参数"对话框的"设置目标"文本框中输入 D6。

（2）因为目标是求该单元格的最大值，所以选择"最大值"单选按钮。

（3）在"通过更改可变单元格"文本框中指定可变单元格（位于单元格区域 B3:B5 中）。

（4）指定对问题的约束条件。每次可添加一项约束条件，添加的约束条件将出现在"遵守约束"列表框中。要添加一个约束条件，可单击"添加"按钮，打开"添加约束"对话框，如图 5-3 所示。此对话框包含 3 部分：单元格引用、运算符和约束值。

图 5-3　"添加约束"对话框

（5）要设置第一个约束条件（总生产能力为 300 件产品），在"单元格引用"文本框中输入

B6。从运算符下拉列表框中选择等号（=），并在"约束"文本框中输入 300。

（6）单击"添加"按钮，即添加了一项约束条件，然后添加其他约束条件。

表 5-1 汇总了该问题的所有约束条件。

表 5-1　　　　　　　　　　　　　　约束条件汇总

约束条件	表示为
生产能力为 300 件	B6=300
至少生产 50 件产品 A	B3>=50
至少生产 40 件产品 B	B4>=40
最多生产 40 件产品 C	B5<=40

（7）在输入最后一个约束条件后，单击"确定"按钮返回到"规划求解参数"对话框，此时，对话框中将列出 4 项约束条件。

（8）将"选择求解方法"设置为"单纯线性规划"。

（9）单击"求解"按钮以启动求解过程，同时可以在屏幕上看到求解过程的进度。"规划求解结果"对话框如图 5-4 所示。

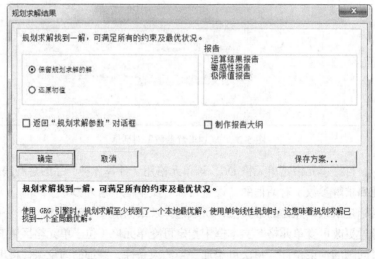

图 5-4　"规划求解结果"对话框

此时，可进行如下选择：

（1）保留规划求解所得到的值。

（2）恢复为原可变单元格的值。

（3）创建任意一个或所有 3 个报告以描述规划求解所执行的任务。

单击"保存方案"按钮将规划求解结果保存为一个方案，从而使"方案管理器"能够使用该结果。

"规划求解结果"对话框的"报告"部分允许选择任意一个或所有 3 个可选报告。如果指定了任何报告选项，Excel 就会在一个新工作表上创建该报告，并且每个报告都有适当的名称。图 5-5 所示是一个运算结果报告。

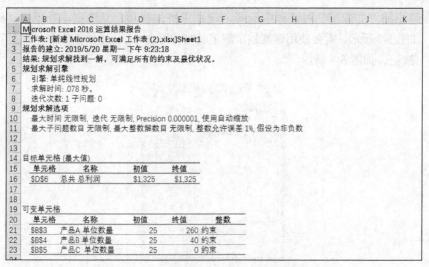

图 5-5 规划求解所生成的运算结果报告

5.1.4 在 Excel 中调用规划求解工具

规划求解工具是 Excel 的加载宏，在默认安装的 Microsoft Excel 2016 中需要加载后才能使用，加载该工具的操作步骤如下。

（1）选择"文件"|"选项"命令，在弹出的"Excel 选项"对话框中单击左侧列表中的"加载项"选项卡，在右下方"管理"下拉列表框中选择"Excel 加载项"选项，并单击"转到"按钮，如图 5-6 所示。

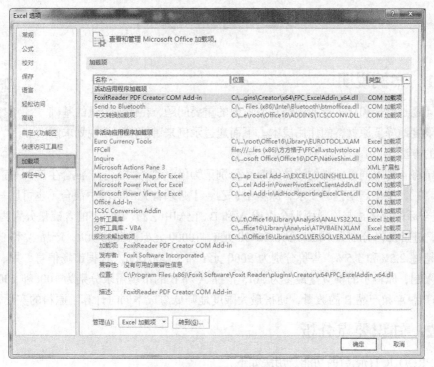

图 5-6 "Excel 选项"对话框

（2）在弹出的"加载宏"对话框中选择"规划求解加载项"复选框，并单击"确定"按钮完成操作，如图 5-7 所示。需要使用该规划求解工具时，可在 Excel 主界面单击"数据"｜"分析"｜"规划求解"按钮，如图 5-8 所示。

图 5-7 "加载宏"的对话框

图 5-8 "规划求解"按钮

5.2 求解取料

5.2.1 案例说明

求解取料

配料问题是冶金和化工行业中经常要考虑的重要问题，在保证质量的基础上，最大限度地降低原材料的使用成本。下面通过示例来讲解 Excel 规划求解解决问题的方法。

某公司将 4 种不同含硫量的液体原料（分别记为甲、乙、丙、丁）混合生产两种产品（分别记为 A 和 B），按生产工艺的要求，原料甲、乙、丁必须首先倒入池中混合（也可以一直用一种原料），混合后的液体再与原料丙混合生成 A 和 B。已知甲、乙、丙、丁的含硫量分别为 3%、1%、2% 和 1%，进货价格分别为 7000 元/t、16000 元/t、10000 元/t、15000 元/t；产品 A 和 B 的含硫量分别不能超过 2.5% 和 1.5%，售价分别为 9000 元/t 和 15000 元/t。根据市场信息，甲、乙、丙的供应没有限制，原料丁的供应量最多为 50t，产品 A 和 B 的市场需求分别为 100t 和 200t。应如何安排生产产品 A 和产品 B 的数量，使得最大限度地降低总成本同时计算丁原料的实际需求。

5.2.2 知识要点分析

SUMPRODUCT()函数的功能及用法如下：

功能：用来在给定的几组数组中，将数组间对应的元素相乘，并返回乘积之和。

图 5-9 所示的数据，要求根据该明细数据按品种、站点对"金额"进行分类汇总，如图 5-10 所示。

▲	A	B	C	D	E
1	日期	品种	销售组	金额	数量
2	2012年10月1日	0号轻柴油	安阳站	26,160	4,800
3	2012年10月1日	-10号柴油	安阳站	51,496	8,200
4	2012年10月1日	93号汽油	安阳站	6,640	1,000
5	2012年10月1日	0号轻柴油	白水站	14,170	2,600
6	2012年10月1日	90号汽油	白水站	2,965	500
7	2012年10月1日	93号汽油	白水站	17,584	2,800
8	2012年10月1日	90号汽油	天仓站	3,558	600
9	2012年10月1日	93号汽油	天仓站	22,608	3,600
10	2012年10月1日	-10号柴油	天仓站	5,976	900
11	2012年10月2日	0号轻柴油	安阳站	14,715	2,700
12	2012年10月2日	93号汽油	安阳站	27,004	4,300
13	2012年10月2日	97号汽油	安阳站	3,320	500
14	2012年10月2日	-10号柴油	白水站	13,625	2,500
15	2012年10月2日	90号汽油	白水站	1,779	300
16	2012年10月2日	93号汽油	白水站	11,304	1,800
17	2012年10月2日	-10号柴油	天仓站	4,905	900
18	2012年10月2日	90号汽油	天仓站	593	100

图 5-9　汽油销售数据

B2	▼	fx	=SUMPRODUCT((数据!$B$2:$B$50=$A2)*(数据!$C$2:$C$50=B$1),数据!$D$2:$D$50)						

图 技巧250　应用SUMPRODUCT函数计算

▲	A	B	C	D	E	F	G	H	I
1	品种	安阳站	白水站	天仓站	合计				
2	0号轻柴油	55,590	28,340	4,905	88,835				
3	-10号柴油	77,656	27,250	15,032	119,938				
4	90号汽油	-	9,488	4,151	13,639				
5	93号汽油	112,144	46,472	75,360	233,976				
6	97号汽油	13,280	11,304	15,272	39,856				
7	合计	258,670	122,854	114,720	496,244				

图 5-10　按"金额"进行分类汇总

在 B2 单元格中输入公式"=SUMPRODUCT((数据!$B$2:$B$50=$A2)*(数据!$C$2:$C$50=B$1),数据!$D$2:$D$50)"也可以把公式改为 "=SUMPRODUCT((数据!$B$2:$B$50=$A2)*(数据!$C$2:$C$50=B$1)*数据!$D$2:$D$50)"，为了避免目标计算字段数据中存在空格或其他文本数据项，造成计算出现#VALUE!，通常用多条件求和公式 "=SUMPRODUCT((条件组 1)*(条件组 2)*****(条件组 N),(求和区域))"。

也可以用 SUMPRODUCT()函数进行计数计算。如 "=SUMPRODUCT((数据!B2:B50="0 号轻柴油")*(数据!E2:E50>=2000)))" 可以求出 "0 号柴油" 单笔加油量在 2000 以上的笔数。

5.2.3　操作步骤

根据题目提供的数据，创建图 5-11 所示的表格。其中，D2:E5 单元格区域为实际的原料用量，作为规划求解的可变单元格。D9:D10 单元格区域可以使用公式计算实际生产的产品数量，在 D9 和 D10 单元格中，分别输入公式 "=SUM(D2:D5)" "= SUM(E2:E5)"。

E9:E10 单元格区域用于计算硫的实际含量，在 E9 和 E10 单元格中，分别输入公式 "=SUMPRODUCT(D2:D5,B2:B5)/B9" "=SUMPRODUCT(B2:B5,E2:E5)/B10"。

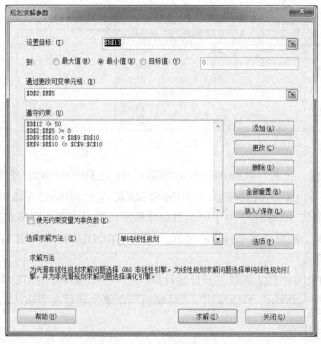

图 5-11　原料表

B12 单元格为实际丁原料的使用量，输入公式"=SUM(D5:E5)"。

B13 单元格为总成本，设定为目标单元格，输入公式"= SUMPRODUCT(C2:C5,D2:D5+E2:E5)"。

分别将 B2:B5、C9:C10 和 E9:E10 单元格区域的数字设置为百分比格式。

选中 B13 单元格，打开"规划求解参数"对话框，在"设置目标"编辑框中选择 B13 单元格，选中"最小值"单选按钮，在"通过更改可变单元格"编辑框中选择$D$2:$E$5 单元格区域，如图 5-12 所示。

图 5-12　"规划求解参数"对话框

单击"添加"按钮，添加约束条件：

B12<=50，丁原料的供应是有限定的。

D2:E5>=0，产量不能为负数。

D9:D10=B9:B10，实际产量与需求一致。

E9:E10<=C9:C10，生产出来的成品的含硫量不能超过上限。

将"选择求解方法"设置为"单纯线性规划"。

单击"求解"按钮开始运算，显示的运算结果如图 5-13 所示。单击"确定"按钮保存此结果，配料最终结果显示如图 5-14 所示。

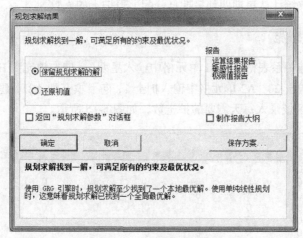

图 5-13　显示运算的结果

	A	B	C	D	E
1		含硫量	价格	产品A数量	产品B数量
2	甲	3%	7	50	0
3	乙	1%	16	0	50
4	丙	2%	10	50	100
5	丁	1%	15		50
6					
7					
8		需求数量	含硫比例上限	实际生产数量	实际含硫比例
9	产品A	100	2.50%	100	2.50%
10	产品B	200	1.50%	200	1.50%
11					
12	丁原料的实际需求	50			
13	总共成本	3400			

图 5-14　配料最终结果显示

5.3　求解任务分配

5.3.1　案例说明

对于大多数的项目主管和生产主管来说，任务分配是日常工作中的一个重要环节。如何合理利用人力和物力，达到最大的生产效益是他们要考虑的问题。利用规划求解可以达到人力的合理分配。

求解任务分配

例如，某医院新建一个病房，需要配备护士，周一到周日分别最少需要 16 人、12 人、12 人、15 人、14 人、16 人、14 人，按规定一个护士一周要连续上班 5 天，医院病房给配备了 20 名护士，是否够用？

5.3.2 知识要点分析

护士每周上班 5 天，如果周一是第一天上班，则要连续上到周五，如果周四是第一天上班，则连续上到下周的周一，依此类推。例如，计算星期一护士上班人数，除了计算星期一安排分配上班护士人数，还需要统计从星期四到星期日分配上班护士的人数。

5.3.3 操作步骤

根据已知条件创建关系表格，在 B1 单元格中输入星期一，向右填充到 H1 单元格，建立一周。护士编号为护士 1 到护士 20，A2 单元格中输入护士 1，向下填充到 A21，建立 20 个护士的名单，并在 B23:H23 单元格区域录入每天需要的护士数，如图 5-15 所示。

	A	B	C	D	E	F	G	H	I	J
1		星期一	星期二	星期三	星期四	星期五	星期六	星期日		是否上班
2	护士1	0	0	0	0	0	0	0		0
3	护士2	0	0	0	0	0	0	0		0
4	护士3	0	0	0	0	0	0	0		0
5	护士4	0	0	0	0	0	0	0		0
6	护士5	0	0	0	0	0	0	0		0
7	护士6	0	0	0	0	0	0	0		0
8	护士7	0	0	0	0	0	0	0		0
9	护士8	0	0	0	0	0	0	0		0
10	护士9	0	0	0	0	0	0	0		0
11	护士10	0	0	0	0	0	0	0		0
12	护士11	0	0	0	0	0	0	0		0
13	护士12	0	0	0	0	0	0	0		0
14	护士13	0	0	0	0	0	0	0		0
15	护士14	0	0	0	0	0	0	0		0
16	护士15	0	0	0	0	0	0	0		0
17	护士16	0	0	0	0	0	0	0		0
18	护士17	0	0	0	0	0	0	0		0
19	护士18	0	0	0	0	0	0	0		0
20	护士19	0	0	0	0	0	0	0		0
21	护士20	0	0	0	0	0	0	0		0
22	实际人数	0	0	0	0	0	0	0	人数	0
23	要求人数	16	12	12	15	14	16	14		

图 5-15　录入每天需要的护士数

B2:H21 单元格区域用于记录护士实际上班情况，用 0 表示未分配，1 表示分配任务，且是该护士本周第一次上班的时间，此区域作为规划求解的可变单元格。

J 列用于统计护士是否上班，根据任务分配问题的特性，每位护士最多只能上班 5 天，J2 单元格公式为"=SUM(B2:H2)"，并填充至 J21 单元格。

第 22 行用于计算每天上班的人数，B22 单元格公式为"=SUM($B$2:B21,E2:$H$21)"，并向右填充至 E22 单元格。F22 的公式为"=SUM(B2:F21)"，并向右填充至 H22 单元格。J22 单元格公式为"=SUM(J2:J21)"。

选中 J22 单元格，打开"规划求解参数"对话框，在"设置目标"编辑框中选择 J22 单元格，选中"最小值"单选按钮，设定"通过更改可变单元格"为"$B$2:$H$21"。添加约束条件如图 5-16 所示。选择"使无约束变量为非负数"复选框。"选择求解方法"设置为"单纯线性规划"。

单击"求解"按钮，显示中间结果如图 5-17 所示。单击"继续"按钮，规划求解结果如图 5-18 所示。

图 5-16 添加约束条件

图 5-17 显示中间结果

图 5-18 规划求解结果

单击"确定"按钮，护士分配结果如图 5-19 所示。如果可变单元格太多，将无法求解。

	A	B	C	D	E	F	G	H	I	J
1		星期一	星期二	星期三	星期四	星期五	星期六	星期日		是否上班
2	护士1	1	0	1	0	0	0	0		1
3	护士2	0	0	0	1	0	0	0		1
4	护士3	0	0	0	0	0	1	0		1
5	护士4	0	0	0	1	0	0	0		1
6	护士5	0	0	0	0	0	1	0		1
7	护士6	0	0	0	1	0	0	0		1
8	护士7	0	0	0	0	0	1	0		1
9	护士8	0	1	0	0	0	0	0		1
10	护士9	0	1	0	0	0	0	0		1
11	护士10	0	0	0	0	1	0	0		1
12	护士11	0	0	0	1	0	0	0		1
13	护士12	1	0	0	0	0	0	0		1
14	护士13	0	1	0	0	0	0	0		1
15	护士14	0	0	0	1	0	0	0		1
16	护士15	1	0	0	0	0	0	0		1
17	护士16	0	0	0	0	1	0	0		1
18	护士17	0	0	0	1	0	0	0		1
19	护士18	0	0	0	0	1	0	0		1
20	护士19	0	0	0	0	0	0	1		1
21	护士20	0	0	0	0	0	1	0		1
22	实际人数	16	12	12	15	14	16	14	最少人数	20
23	要求人数	16	12	12	15	14	16	14		

图 5-19 护士分配结果

习　题

一、单项选择题

1. 在 Excel 2016 中，规划求解工具的组成不包括（　　）。

（A）决策变量　　　（B）目标值　　　（C）目标函数　　　（D）约束条件

2. 规划求解是 Excel 2016 的一种非常有用的工具，可以解决很多（　　）问题。

（A）函数　　　　　（B）优化　　　　（C）约束　　　　　（D）差值

3. 在 Excel 2016 中调用规划求解工具，是在（　　）选项卡中。

（A）文件　　　　　（B）数据　　　　（C）公式　　　　　（D）插入

4. 规划求解是否有解与（　　）有密切的关系。

（A）目标值　　　　（B）决策变量　　（C）单元格　　　　（D）约束条件

5. 目标函数表示规划求解要达到的（　　）。

（A）最大值　　　　（B）条件　　　　（C）最终目标　　　（D）最小值

二、简答题

1. 什么是规划求解？

2. 规划求解问题的特点有哪些？

3. 规划求解问题的组成部分有哪些？

4. 规划求解问题的操作步骤有哪些？

三、操作题

1. 设有一位制杯的个体户，有两副模具，分别用来生产果汁杯和鸡尾酒杯。有关生产情况的各种数据资料如表 5-2 所示。

表 5-2　　　　　　　　　　　　　　　　　数据资料

品种	工效（h）	储藏量（m³）	定点量（件）*	收益（元）
果汁杯	6 h/百件	10 m³/百件	600 件	600 元/百件
鸡尾酒杯	5 h/百件	20 m³/百件	0 件	400 元/百件

*注：定点量为每周生产的最大数量。若每周工作不超过 50 小时，且拥有储藏量为 140m³ 的仓库。

问：

（1）该个体户如何安排工作时间才能使得每周的收益最大？

（2）若每周多干 1 小时，收益增大多少？

（3）通过加班加点达到的收益极限是多少？

2. 某矿业公司拥有两个矿场，生产的砂石分为三级：高级、中级和低级。该公司与某炼矿厂订有合同，每周供给高级矿 12t、中级矿 8t、低级矿 24t。该公司经营第一矿场日需 1000 元，经营第二矿场日需 800 元。经营第一矿场每日可生产 6t 高级矿、2t 中级矿与 4t 低级矿；经营第二矿场，每日可生产 2t 高级矿、2t 中级矿与 12t 低级矿。试问：两个矿场每周应分别经营多少日，才能使得该公司的生产最为经济？

第6章
数据可视化

通过 Excel 图表，人们可以将枯燥的工作表数据图形化、直观化，Excel 图表是一种重要的数据可视化呈现工具。所谓图表是指通过图形化的表示方式，对数据内容进行直观的表现。其目的在于能够简单明了地展示数据的含义，快速表达绘制者的观点，方便用户理解数据所蕴含的差异和趋势等内在特征。

6.1　图表基础

6.1.1　分类轴和数据轴

图表基础

在 Excel 图表中规定了分类轴和数据轴的概念。其中，分类轴表示自变量，一般设为 X 轴；数据轴表示因变量，一般设为 Y 轴。创建任何形式的 Excel 图表都需要先确定自变量，即确定数据轴，为了实现较复杂的数据分析，可以用多个数据轴同时反映多组数据。

6.1.2　常见图表类型

Excel 中提供了多种内置的图表类型，其中一些图表类型还包括子图表类型，这些图表类型可以满足不同工作场景的需要，通过这些图表类型可以对数据进行可视化。

1．柱形图

柱形图用于显示某一段时间内数据的变化或比较各数据项之间的差异。柱形图通常沿水平（类别）轴显示类别，沿垂直（值）轴显示值。

2．折线图

折线图是用一系列以折线相连的点表示数据，这种类型的图表适用于表示大批分组的数据。在折线图中，类别数据沿水平轴均匀分布，所有数据沿垂直轴均匀分布。折线图可在均匀按比例缩放的坐标轴上显示一段时间的连续数据，因此非常适合显示相等时间间隔（如月、季度或会计年度）下数据的趋势。

3．饼图

饼图是用分割并填充了颜色或图案的饼形来表示数据，这种类型的图表适用于表示整体与局部之间的数量关系。饼图中的数据点显示为占整个饼图的百分比。饼图通常用于表示一组数据，如果有需要，可以创建多个饼图来显示多组数据。

如果遇到以下情况，可考虑使用饼图：

- 只有一个数据系列。
- 数据中的值没有负数。
- 数据中的值几乎没有零值。
- 类别不太多，并且这些类别共同构成了整个饼图。

4. 条形图

条形图用于显示各数据之间的比较。与柱形图不同的是，其分类在垂直方向，而数值在水平方向，以使用户的注意力集中在数值的比较上，而不在时间上。

如果满足以下条件，可考虑使用条形图：

- 轴标签很长，不适合作为水平分类标签。
- 显示的值与时间关联度不大。

5. 面积图

面积图是用填充了颜色或图案的面积区域来显示数据。面积图可用于绘制随时间发生的变化量，用于引起用户对总值趋势的关注。通过显示所绘制的值的总和，面积图还可以显示部分与整体的关系。

6. XY（散点图）

散点图用一系列的点表示数据，这种类型的图表用来比较成对的数值。散点图通常用于显示两个变量之间的关系，而这些数据往往与时间有关系。

XY（散点图）的数据源中，通常将 X 值放在一行或一列，然后在相邻的行或列中输入对应的 Y 值。

散点图有两个数值轴：水平（X）数值轴和垂直（Y）数值轴。散点图将 X 值和 Y 值合并到单一数据点并按不均匀的间隔或簇来显示它们。散点图通常用于显示和比较数值，例如科学数据、统计数据和工程数据。

7. 股价图

股价图主要用于金融机构，用来分析有关财务方面的数据。顾名思义，股价图可以显示股价的波动。不过，这种图表也可以显示其他数据（如日降雨量和每年温度）的波动。

股价图的创建必须按正确的顺序组织数据。例如，若要创建一个简单的盘高-盘低-收盘股价图，可以按盘高、盘低和收盘次序输入的列标题来排列数据。

8. 曲面图

如果希望得到两组数据间的最佳组合，曲面图很适用。例如，在地形图上，颜色和图案表示具有相同取值范围的地区。当类别和数据系列都是数值时，可以创建曲面图。

9. 雷达图

雷达图为比较若干数据系列的聚合值，并显示值相对于中心点的变化。在填充雷达图时，各数据系列可以分别填充上色。

10. 树状图

树状图提供了数据的层次结构视图。颜色可以区分类别，块面积大小表示数值。

11. 旭日图

旭日图适用于显示分层数据。层次结构的每个级别用一个或多个包含最内层的圆圈表示层次结构的顶部。不带任何分层数据的旭日图，其外观类似于圆环图。但是，具有多个类别和级别的旭日图需要显示外环与内环的关系。

12. 直方图

直方图用于显示数据分布的频率。图表中的每一列称为箱，直方图显示分组为频率箱数据的分布。直方图的排列图是经过排序的直方图，同时包含用于降序排序的列和用于表示累积总百分比的线条。

13. 箱形图

箱形图又称为盒须图、盒式图或箱线图，是一种用于显示一组数据分散情况的统计图。它主要用于反映原始数据分布的特征，还可以进行多组数据分布特征的比较。箱线图的绘制方法是：先找出一组数据的最大值、最小值、中位数和两个四分位数；然后，连接两个四分位数画出箱子；最后将最大值和最小值与箱子相连接，中位数在箱子中间。当有多个数据集以某种方式相互关联时，可使用此图表类型。

14. 瀑布图

瀑布图用于显示添加或减去值时财务数据的运行总和。这对于了解初始值如何受一系列正值和负值的影响十分有用。

15. 组合图

组合图可将两种或更多图表类型组合在一起，例如将"簇状柱形图"和"折线图"组合在一起，可以采用左值轴和右值轴（次坐标轴），从而让数据更容易被理解。

6.1.3　创建图表的步骤

无论创建哪一种图表，都要经过以下几个步骤：指定需要用图表表示的单元格区域，即图表数据源；选定图表类型；根据所选定的图表格式，指定一些项目，如图表的方向、图表的标题，是否要加入图例等；设置图表位置，可以是直接嵌入到原工作表中，也可以放在新建的工作表中。

1. 插入图表

选择要包含在图表中的单元格或单元格区域，再单击"插入"|"图表"右下角的"查看所有图表"按钮，在打开的"插入图表"对话框中列出了"推荐的图表"和"所有图表"，可以选择所需图表类型以及子类型，如图 6-1 所示。或者单击"确定"按钮后即创建了原始图表，如图 6-2 所示。

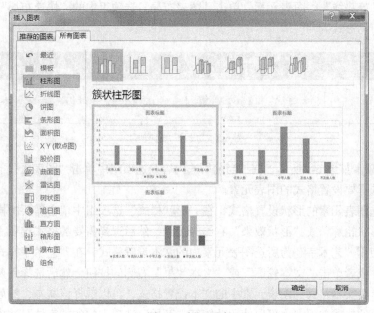

图 6-1　插入图表

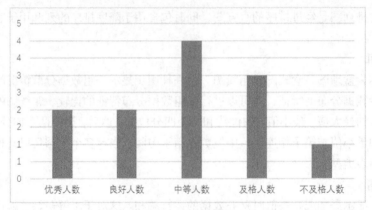

图 6-2　原始图表

这样就创建好了一张图表，从图表中可以清楚地看出工作表中有关数据以及数据之间的关系。

2. 编辑图表

选中已经创建的图表，在"图表工具"组中出现了"设计"和"格式"两个选项卡，可对图表进行更多的设置与美化。

"设计"选项卡如图 6-3 所示。在"数据"选项组中单击"选择数据"按钮，打开"选择数据源"对话框，可以实现对图表引用数据的添加、编辑、删除等操作。单击"切换行/列"按钮，则可以在从工作表行或从工作表列绘制图表中的数据系列之间进行快速切换。单击"图表工具"|"设计"|"位置"|"移动图表"按钮，打开"移动图表"对话框，在"选择放置图表的位置"时，可以选中"新工作表"单选按钮将图表重新创建于新建的工作表中，也可以选中"对象位于"单选按钮将图表直接嵌入到原工作表中。在"类型"选项组中单击"更改图表类型"按钮，重新选定所需类型。在"图表样式"选项组中可以重新选定所需图表样式。在"图表布局"选项组中单击"添加图表元素"按钮可以添加"坐标轴""轴标题""图表标题""数据标签""数据表""误差线""网格线""趋势线"等图表元素。单击"图表布局"选项组中的"快速布局"按钮，可以使用几种常见的布局形式。

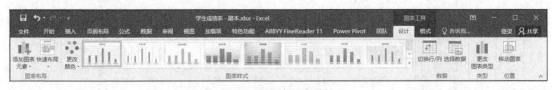

图 6-3　"设计"选项卡

"格式"选项卡如图 6-4 所示。在"当前所选内容"选项组中单击"图表区"下拉列表框右侧的按钮，然后选择要设置格式的图表元素。

若要为所选图表元素的形状设置格式，在"形状样式"选项组中单击需要的样式，或者单击"形状填充""形状轮廓"或"形状效果"右侧的按钮，然后选择需要的格式选项。

若要通过使用"艺术字"为所选图表元素中的文本设置格式，在"艺术字样式"选项组中单击需要的样式，或者单击"文本轮廓"或"文本效果"右侧的按钮，然后选择需要的格式选项。

若要使用常规文本格式为图表元素中的文本设置格式，可以选择该文本，然后在"浮动工具栏"上单击需要的格式选项，也可以使用功能区"开始"选项卡中的"字体"选项组中的格式化按钮。

　　当然，也可以单击选中要设置格式的图表元素，然后单击鼠标右键在快捷菜单中进行相应的设置。建好的图表边框上有 8 个控制点，将鼠标定位在图表上，通过拖动鼠标，可将图表移动到指定位置。将鼠标定位在控制点上，当指针变成双向箭头时，拖动鼠标可调整图表的大小。

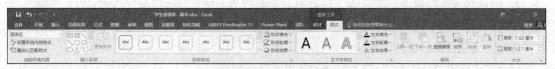

图 6-4　"格式"选项卡

6.2　创建柱形图

6.2.1　案例说明

　　学生成绩表如图 6-5 所示。请统计学生各门课程成绩对应 5 个级别的人数，并用簇状柱形图将高等数学成绩五个级别的人数可视化。

	A	B	C	D	E	F
1				学生成绩表		
2	学号	姓名	高等数学	大学语文	外语	计算机
3	96001	卢利利	86.00	88.00	99.00	87.00
4	96002	卢明	90.00	87.00	86.00	34.00
5	96003	英平	98.00	87.00	81.50	80.00
6	96004	田华	78.00	96.00	89.00	91.00
7	96005	马立涛	79.50	88.50	90.50	93.50
8	96006	王小萌	78.00	88.00	90.00	65.00
9	96007	赵炎	88.00	76.00	81.00	68.00
10	96008	田佳莉	69.50	76.50	98.00	88.00
11	96009	张力华	66.00	89.00	71.00	74.00
12	96010	胡龙	64.50	76.50	88.50	83.00
13	96011	冯红	56.50	73.00	81.00	92.00
14	96012	郝苇	72.00	60.50	70.50	71.50
15	最高分		98.00	96.00	99.00	93.50
16	最低分		56.50	60.50	70.50	34.00
17	平均分		77.17	82.17	85.50	77.25
18	优秀人数					
19	良好人数					
20	中等人数					
21	及格人数					
22	不及格人数					

柱形图

图 6-5　学生成绩表

6.2.2　知识要点分析

1. 函数

需要使用 COUNTIF()函数。

2. 作图

插入簇状柱形图。

6.2.3 操作步骤

1. 计算人数

（1）在 C18 单元格中统计"优秀"的人数。

在 C18 单元格中输入"="，在系统弹出的函数列表中选择要使用的"COUNTIF"函数。在"函数参数"对话框中选择 C3:C14 单元格区域，设定统计的条件为">=90"，如图 6-6 所示。单击"确定"按钮结束函数的计算。

C18 单元格中的公式为"=COUNTIF(C3:C14,">=90")"。

图 6-6　使用 COUNTIF 函数

（2）在 C19 单元格中统计"良好"的人数。

选中 C19 单元格，用类似统计 90 分以上人数的方法统计 80 分以上的人数，然后减去 90 分以上的人数。

C19 单元格中的公式为"=COUNTIF(C3:C14,">=80")–C18"。

我们可以用类似的方法统计"中等"和"及格"的人数。"不及格"的人数可以直接统计，公式为"=COUNTIF(C3:C14,"<60")"。

计算完成后，选择 C15:C22 单元格区域，向右快速填充即可完成全部计算。

2. 制作图表

选中 A18:C22 单元格区域，单击"插入"|"图表"|"柱形图"按钮，选择其中的"簇状柱形图"。

选中已经创建的图表，通过"图表工具"组中的"设计"和"格式"两个选项卡，可以对图表进行更多的设置，结果如图 6-7 所示。

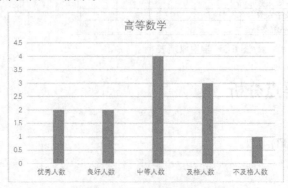

图 6-7　插入簇状柱形图

6.3 创建股价图

6.3.1 案例说明

图 6-8 所示的工作表 Sheet1 中保存了某公司股票的交易数据，包括日期、成交量、开盘、盘高、盘底和收盘等信息。

	A	B	C	D	E	F
1	日期	成交量	开盘	盘高	盘底	收盘
2	2012/1/4	34,740,000	69.81	72.63	69.69	70.50
3	2012/1/5	32,110,800	70.94	74.00	70.72	73.25
4	2012/1/6	34,509,600	74.75	75.75	73.38	75.63
5	2012/1/7	25,553,800	74.88	75.31	74.13	75.25
6	2012/1/8	25,093,600	76.09	76.38	73.50	74.94
7	2012/1/9	23,158,000	75.44	75.47	72.97	73.75
8	2012/1/10	28,820,000	74.06	74.06	70.50	71.09
9	2012/1/11	37,647,800	68.00	73.88	68.00	71.91
10	2012/1/12	29,550,000	72.63	72.78	70.75	70.88
11	2012/1/13	29,517,600	71.47	75.00	70.69	74.88
12	2012/1/14	50,546,000	75.69	77.88	75.44	77.81
13	2012/1/15	62,565,400	83.47	83.88	81.24	81.25
14	2012/1/16	39,988,200	80.88	81.66	78.88	79.16
15	2012/1/17	41,017,000	77.81	80.12	77.63	78.13
16	2012/1/18	51,032,600	80.84	81.66	79.06	80.94
17	2012/1/19	60,055,200	82.75	85.88	82.75	85.78
18	2012/1/20	48,919,600	86.25	87.22	84.25	84.38
19	2012/1/21	39,362,600	85.88	87.03	84.91	87.00
20	2012/1/22	38,071,200	87.38	87.56	85.44	87.50
21	2012/1/23	40,553,400	87.72	87.97	85.41	86.47
22	2012/1/24	45,899,200	86.25	86.28	83.13	83.81
23	2012/1/25	36,299,600	83.19	84.94	83.00	83.41
24	2012/1/26	44,516,000	84.06	84.19	79.44	79.53
25	2012/1/27	63,972,600	80.13	80.81	77.44	80.00
26	2012/1/28	54,922,000	81.28	82.78	80.81	82.63
27	2012/1/29	38,526,000	82.47	83.38	79.88	80.03
28	2012/1/30	36,670,800	79.94	82.19	79.31	80.31
29	2012/1/31	29,634,200	81.38	81.94	80.19	81.38

Sheet1 / Sheet2 / Sheet3

图 6-8 某公司的股票交易数据

股价图分析股价行情

利用 Excel 股价图对股票数据进行可视化操作，最终呈现效果如图 6-9 所示。

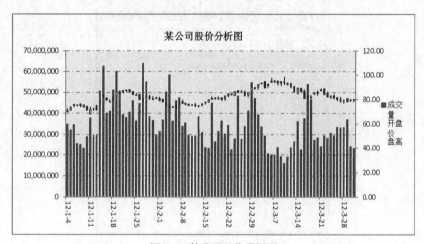

图 6-9 某公司股价分析图

6.3.2　知识要点分析

1. 知识要点

股价图显示股票随时间的表现趋势。它包含四种子类型。

（1）盘高-盘低-收盘图。

若要创建此股价图，请按如下顺序安排工作表中的数据：最高价-盘低-收盘价。使用日期或股票名称作为标签。

（2）开盘-盘高-盘低-收盘图。

若要创建此股价图，请按如下顺序安排工作表中的数据：开盘价-盘高-盘低-收盘价。使用日期或股票名称作为标签。

（3）成交量-盘高-盘低-收盘图。

若要创建此股价图，请按如下顺序安排工作表中的数据：成交量-盘高-盘低-收盘价。使用日期或股票名称作为标签。

（4）成交量-开盘-盘高-盘低-收盘图。

若要创建此股价图，请按如下顺序安排工作表中的数据：成交量-开盘价-盘高-盘低-收盘价。使用日期或股票名称作为标签。

2. 解题思路

本案例中，分类轴为"日期"，值（垂直）轴有两个，分别为"成交量"和"股票价格"。基于有左右两个垂直轴的特征，考虑使用第四种股价图，即"成交量-开盘-盘高-盘低-收盘图"来进行呈现。

6.3.3　操作步骤

1. 插入股价图

单击数据清单中的任一单元格，选择"插入"|"图表"右侧的"查看所有图表"按钮，打开"更改图表类型"对话框，在"所有图表"选项卡中选择"股价图"，在右侧区域选择"成交量-开盘-盘高-盘低-收盘图"选项，如图 6-10 所示。注意这里列出了 4 种股价图，每一种股价图分析的数据都不一样，应选择合适的股价图进行作图。

图 6-10　插入股价图

2. 图表修饰

对图表进行美化修饰，效果如图 6-9 所示。

3. 图表存放

在这种情况下，图表默认是表的一部分。如果把生成的图表作为新表存放，可以在图表上单击鼠标右键，在弹出的快捷菜单中选择"移动图表"命令，打开"移动图表"对话框，选中"新工作表"单选按钮，输入名称后，单击"确定"按钮完成操作，如图 6-11 所示。

图 6-11　"移动图表"对话框

6.4　创建条形图

6.4.1　案例说明

某公司对一名领导进行了续任考核，即以全体员工投票形式进行量化考核。投票选项为"赞成"和"反对"。其最终投票结果如图 6-12 所示。请使用簇状条形图对数据进行可视化。

条形图对比投票结果

	A	B	C
1			
2	部门	反对	赞成
3	销售部	-9	12
4	财务部	-8	10
5	技术部	-6	8
6	人事部	-4	4
7	研发部	-2	3
8	项目部	-1	1

图 6-12　投票结果

6.4.2　知识要点分析

1. 知识要点

条形图又称为横向柱形图，相对于柱形图有其独特的优势。由于条形图是横向的，所以当数据的分类较多，而且分类字段名称又较长时，应选择条形图。因为条形图分类轴是垂直轴，一方面可以在垂直方向显示更多的分类，另一方面可以有足够的空间来显示更长的分类名称。

2. 解题思路

条形图的值轴为水平轴，这样，可以从水平方向来对比反对票和赞成票。在水平轴上将反对票的系列和赞成票的系列重合，可以使对比效果更加直观鲜明。

6.4.3 操作步骤

1. 创建条形图

单击数据区域中的任一单元格，单击"插入"|"图表"|"插入柱形图或条形图"命令，选择"簇状条形图"，生成簇状条形图，如图6-13所示。

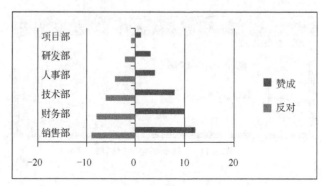

图6-13 簇状条形图

2. 格式化图表

（1）系列重叠和分类间隔。

选中"反对"系列，单击鼠标右键，选择快捷菜单中的"设置数据系列格式"命令，打开"设置数据系列格式"任务窗格，设置"系列重叠"为100%，"分类间距"为80%，如图6-14所示。

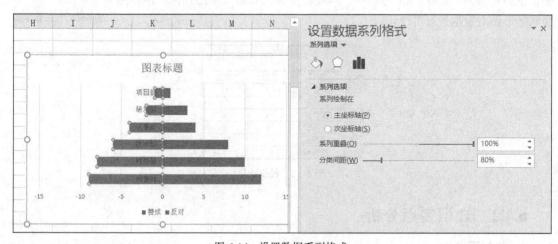

图6-14 设置数据系列格式

（2）逆序类别。

选中垂直（分类）轴标签，单击鼠标右键，选择快捷菜单中的"设置坐标轴格式"命令，在右侧的"设置坐标轴格式"任务窗格中，勾选"逆序类别"复选框，设置坐标轴"标签位置"为"低"，如图6-15所示。

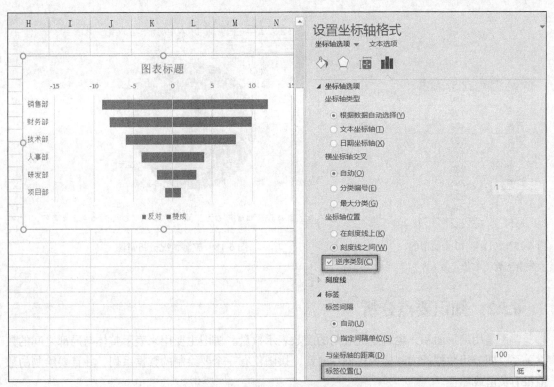

图 6-15 设置垂直（分类）轴格式

在适当的部分进行美化处理，最终设计效果如图 6-16 所示。

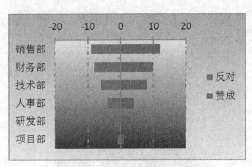

图 6-16 美化后的条形图效果

6.5 创建饼图

6.5.1 案例说明

2011 年，北京等 10 个城市的旅游人数如图 6-17 所示，创建饼图，其效果如图 6-18 所示。要求使用一幅完整图片作为饼图的背景。

背景饼图

地区	人数
北京	286
上海	109
苏州	187
重庆	137
武汉	112
天津	260
广州	296
西安	134
沈阳	208
南京	184

图 6-17　2011 年 10 个城市的
旅游人数（单位：万人）

图 6-18　旅游情况分析饼图

6.5.2　知识要点分析

饼图是用扇形面积，也就是圆心角的度数表示数量。饼图主要用来表示整体与局部之间的数量关系，即分组数据的内部构成比例。通常，饼图仅有一个要绘制的数据系列，并且要绘制的数值没有负值或零值。

本案例使用的技巧是使用一个图片作为整个饼图的单一背景。

6.5.3　操作步骤

（1）选中数据表中任一单元格，单击"插入"|"图表"|"插入饼图或圆环图"|"二维饼图"|"饼图"按钮，效果如图 6-19 所示。

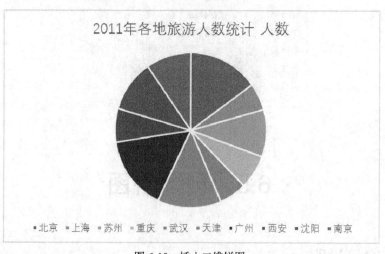

图 6-19　插入二维饼图

（2）单击"图表工具/格式"|"当前所选内容"|"设置所选内容格式"按钮，打开图 6-20 所示的任务窗格，对"填充"、"边框"的颜色和"样式"进行设置。

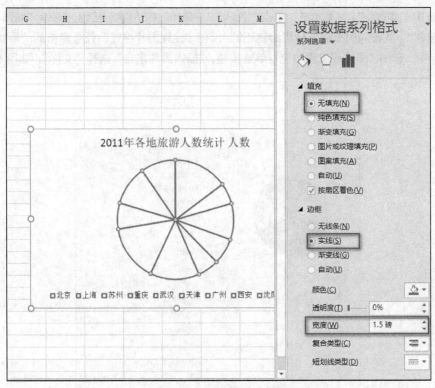

图 6-20 设置数据系列格式

（3）在数据系列上单击鼠标右键，在弹出的快捷菜单中选择"添加数据标签"|"添加数据标签"命令。选中数据标签，在右侧的"设置数据标签格式"任务窗格中进行格式设置，如图 6-21 所示。

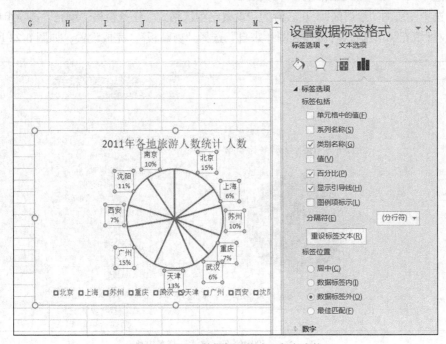

图 6-21 "设置数据标签格式"任务窗格

（4）选中工作表中任一单元格，单击"插入"|"插图"|"形状"按钮，选择"椭圆"，绘制一个正圆（按住 Shift 键同时拖动鼠标可绘制正圆），在"设置图片格式"任务窗格的"形状选项"组的"填充"中，选中"图片或纹理填充"单选按钮，"插入图片来自"选择"文件"，如图 6-22 所示。

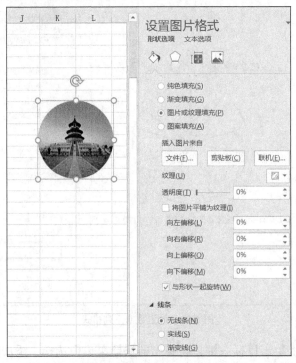

图 6-22　设置正圆背景图片

（5）选中图 6-22 中的正圆图形，将其复制。

（6）选中图表的"绘图区"，在右侧的"设置绘图区格式"任务窗格"填充"选项组中，选中"图片或纹理填充"单选按钮，"插入图片来自"选择"剪贴板"，完成设置，如图 6-23 所示。

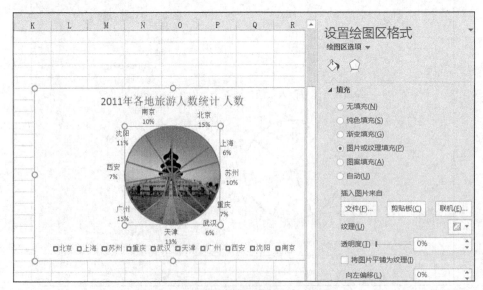

图 6-23　"设置绘图区格式"任务窗格

6.6　创建自动缩放图表

6.6.1　案例说明

创建自动缩放图表

在图 6-24 中，图左侧为某公司 10 个月的销售额。要求以销售额为数据源，创建一个交互式柱形图表。所谓"交互式"是指图表的数据随工作表中数据的变化而自动更新，即工作表中删改或增加数据会使图表自动收缩或扩展。

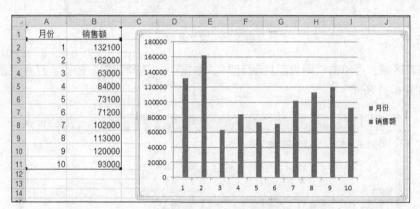

图 6-24　销售额自动缩放图表

6.6.2　知识要点分析

首先创建一个标准图表，然后通过相对引用设置图表的数据源，使得该图表在添加新的数据时可以自动扩大，删除数据时自动缩小。

6.6.3　操作步骤

创建标准图表，单击数据区域的任一单元格，单击"插入"|"图表"|"柱状图"按钮，再选择"簇状柱形图"，得到图 6-25 所示的图表。

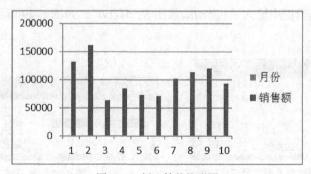

图 6-25　插入簇状柱形图

单击"公式"|"定义的名称"|"定义名称"按钮，选择"定义名称…"命令，在弹出的"新建名称"对话框，定义名称"yf"，引用位置"=OFFSET(sheet1!$A$2,0,0,COUNTA(sheet1!$A:

$A)-1,1)"，同理定义名称"xse"，引用位置"=OFFSET(sheet1!$B$2,0,0,COUNTA(sheet1!$B:$B)-1,1)"，如图 6-26 所示。

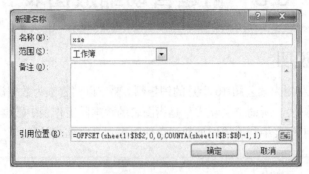

图 6-26　定义名称

单击图表区域，再单击"图表工具/设计"|"数据"|"选择数据"按钮，打开"选择数据源"对话框，如图 6-27 所示。

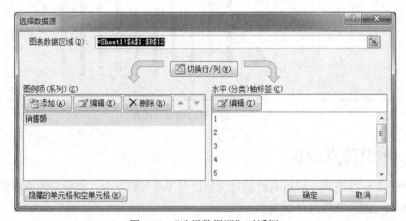

图 6-27　"选择数据源"对话框

在图 6-27 左侧"图例项（系列）"中，选中"销售额"，再单击"编辑"按钮，弹出"编辑数据系列"对话框，在"系列值"中输入"=自动缩放图表.xlsx!xse"，如图 6-28 所示。在图 6-27 右侧"水平（分类）轴标签"处，单击下方的"编辑"按钮，弹出"轴标签"对话框，在"轴标签区域"编辑框中输入"=自动缩放图表.xlsx!yf"，如图 6-29 所示。最后，单击"确定"按钮。

图 6-28　"编辑数据系列"对话框

图 6-29　"轴标签"对话框

此时，输入 11 月的销售额 100000，右侧的簇状柱形图会自动缩放，在图表中显示出 11 月的销售额，其效果如图 6-30 所示。

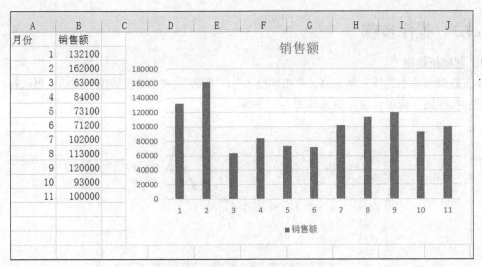

图 6-30　自动缩放图的效果

6.7　自动标识图表中的最大值和最小值

6.7.1　案例说明

为销售数据表构建折线图，要求能够以动态方法标识出销售额的最大值和最小值，其数据源如图 6-31 所示。

月份	销售额
1	132100
2	162000
3	63000
4	84000
5	73100
6	86000
7	102000
8	113000
9	120000
10	93000
11	120000
12	140000

图 6-31　销售数据表

自动标识图表中的
最大值和最小值

6.7.2　知识要点分析

对于一个显示销售数据的图表，如果能动态地标识出最大值和最小值，会使图表显得更直观、更形象。

本案例将介绍在图表中动态标识图表的最大值和最小值的方法。我们以图 6-31 所示的销售数据表为例进行讲解。

6.7.3 操作步骤

1. 创建折线图

单击数据清单中的任一单元格，单击"插入"|"图表"|"二维折线图"按钮，再选择"带数据标记的折线图"选项，设计效果如图 6-32 所示。

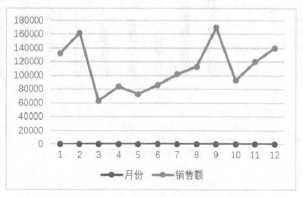

图 6-32 创建带数据标记的折线图

2. 增加辅助列

（1）增加辅助列"最大值"和"最小值"，在 C2 单元格中输入公式"=IF(B2=MAX(B\$2:B\$13), B2,NA())"，在 D2 单元格中输入公式"=IF(B2=MIN(B\$2:B\$13),B2,NA())"，按 Enter 键并向下填充，效果如图 6-33 所示。

月份	销售额	最大值	最小值
1	132100	#N/A	#N/A
2	162000	162000	#N/A
3	63000	#N/A	63000
4	84000	#N/A	#N/A
5	73100	#N/A	#N/A
6	86000	#N/A	#N/A
7	102000	#N/A	#N/A
8	113000	#N/A	#N/A
9	120000	#N/A	#N/A
10	93000	#N/A	#N/A
11	120000	#N/A	#N/A
12	140000	#N/A	#N/A

图 6-33 增加辅助列

（2）选择 C1:D13 单元格区域并复制，选中图表，单击"开始"|"粘贴"按钮，选择"选择性粘贴"命令，打开"选择性粘贴"对话框，将"添加单元格为"设置为"新建系列"，"数值（Y）轴在"选项组中选择"列"复选框，并选择"首行为系列名称"复选框，如图 6-34 所示。单击"确定"按钮，效果如图 6-35 所示。

（3）添加"最大值"和"最小值"系列。选择"最大值"系列，单击鼠标右键，在弹出的快捷菜单中选择"设置数据系列格式"命令，在"设置数据点格式"中进行格式设置，如图 6-35 所示。同理，继续设置"最小值"系列，如图 6-36 所示。最后，对图表进行一些美化设置。

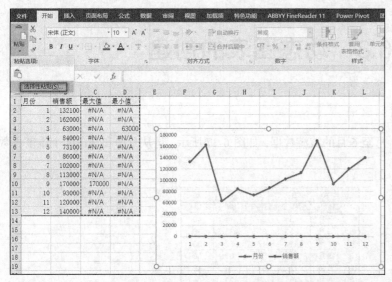

图 6-34　选择性粘贴辅助列

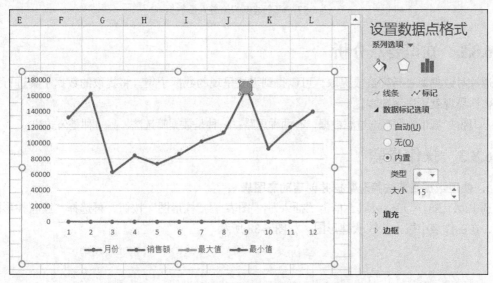

图 6-35　设置最大值系列的数据点格式效果

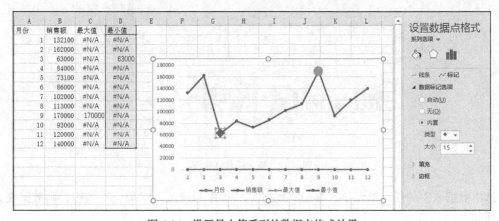

图 6-36　设置最小值系列的数据点格式效果

6.8　动态图表的创建

6.8.1　案例说明

数据源为四个城市从 1 月至 6 月的旅游数据，如图 6-37 所示。请从月份和城市两个维度将数据可视化。

	A	B	C	D	E
1		北京	大连	广州	天津
2	一月	45	36	44	40
3	二月	33	33	35	30
4	三月	41	47	32	33
5	四月	79	52	63	50
6	五月	47	57	54	46
7	六月	15	43	33	35
8	总计	260	268	261	234

图 6-37　四个城市的旅游人数数据

6.8.2　知识要点分析

通过对数据源进行筛选或提取，可以得到需要呈现的数据子集。将提取的数据子集进行进一步的数据呈现就可以解决本题。

从月份、城市维度筛选过滤数据，有两种思路：一种是数据筛选法，另一种是公式法。

6.8.3　操作步骤

1. 使用数据筛选法筛选数据并创建动态图表

选中 A1:E8 单元格区域，单击"插入"|"图表"|"柱形图"按钮，再选择"簇状柱形图"选项，在工作表中嵌入一簇状柱形图，如图 6-38 所示。

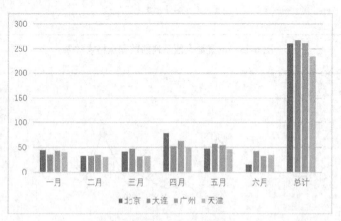

图 6-38　插入簇状柱形图

选中数据表中的任一单元格，单击"数据"|"排序和筛选"|"筛选"按钮，则数据表如图 6-39 所示。

	A	B	C	D	E
1	▼	北京 ▼	大连 ▼	广州 ▼	天津 ▼
2	一月	45	36	44	40
3	二月	33	33	35	30
4	三月	41	47	32	33
5	四月	79	52	63	50
6	五月	47	57	54	46
7	六月	15	43	33	35
8	总计	260	268	261	234

图 6-39　对数据源进行筛选操作

　　单击 A1 单元格的筛选按钮，打开数据筛选下拉列表，取消选择"全选"复选框，选择"三月"和"四月"复选框，如图 6-40 所示。单击"确定"按钮，即可在工作表中插入簇状柱形图，如图 6-41 所示。

图 6-40　筛选三月、四月数据

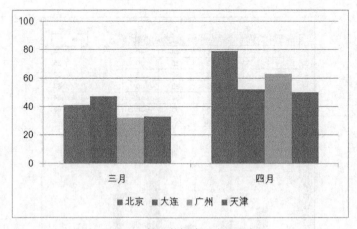

图 6-41　筛选数据后生成的图表

2. 使用公式法筛选数据并创建动态图表

　　选中 G1 单元格，设置数据有效性。单击"数据"|"数据工具"|"数据验证"按钮，打开"数据验证"对话框，设置如图 6-42 所示。完成后，数据表如图 6-43 所示。

图 6-42　"数据验证"对话框

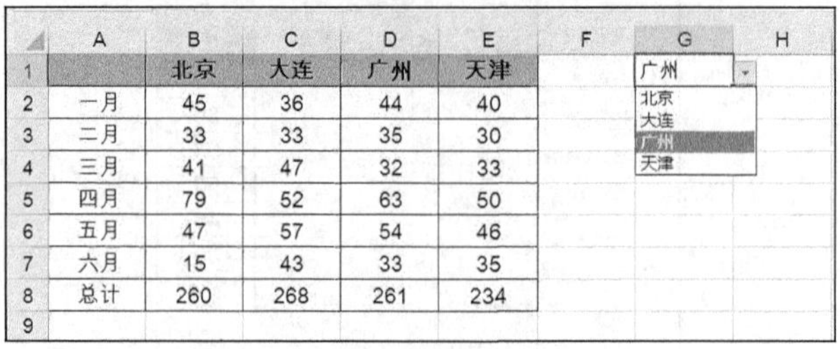

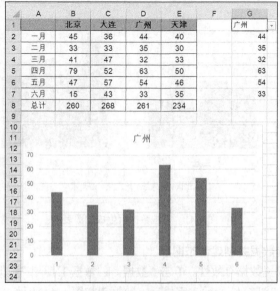

图 6-43　数据验证设置效果

在 G2 单元格中输入公式"=OFFSET(A2,,MATCH($G$1,$B$1:$E$1))"，然后向下填充至 G7 单元格。

创建图表，选中 A1:A7 和 G1:G7 单元格区域，单击"插入"|"图表"|"柱形图"按钮，选择"簇状柱形图"选项，在工作表中即可插入一个簇状柱形图。

用户可以在 G1 单元格的下拉列表中选择不同的城市，G2:G7 单元格区域的数据会随着 G1 单元格的城市变化而改变，簇状柱形图也会更新显示，如图 6-44 所示。

图 6-44　插入簇状柱形图

习　　题

一、单项选择题

1. 数据源为单个系列，且希望呈现局部和整体的关系，一般使用（　　）。

（A）柱形图　　　　　（B）折线图　　　　　（C）散点图　　　　　（D）饼图

2. 在下列四种图表中，时间序列数据用（　　）更适合呈现变化趋势。

（A）柱形图　　　　　（B）折线图　　　　　（C）散点图　　　　　（D）饼图

3. 和柱形图功能最为相似的图表是（　　）。

（A）条形图　　　　　（B）折线图　　　　　（C）散点图　　　　　（D）饼图

4. Excel 2016 中，"图表"命令组在（　　）选项卡中。

（A）文件　　　　　　（B）插入　　　　　　（C）公式　　　　　　（D）数据

二、简答题

1. Excel 2016 中，常用的图表类型有哪些？

2. 简述插入图表的步骤。

3. 请讨论柱形图、条形图和直方图的区别。

4. 请讨论什么特征的数据适合用饼图呈现？

5. 创建动态图表有哪些常见方法？

三、操作题

1. 请根据数据源创建柱形图，如图 6-45 所示。

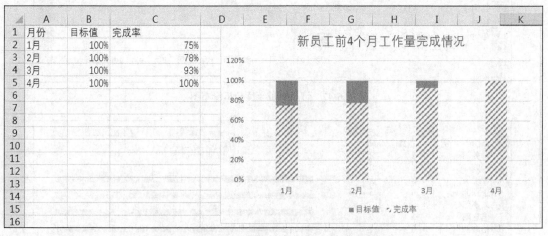

图 6-45　新员工前 4 个月工作量完成情况柱形图

2. 请根据数据源创建饼图，如图 6-46 所示。

3. 请根据数据源创建瀑布图，如图 6-47 所示。

4. 请根据数据源创建条形图，如图 6-48 所示。

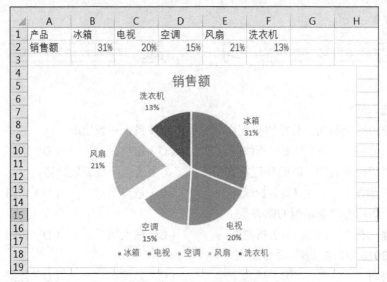

图 6-46　销售额占比饼图

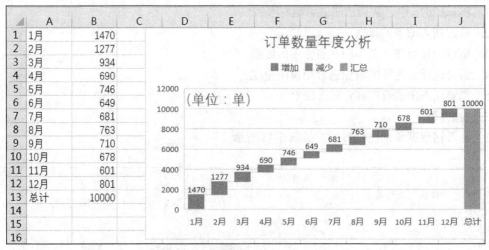

图 6-47　订单数量年度分析瀑布图

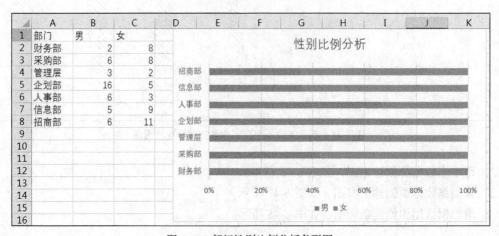

图 6-48　部门性别比例分析条形图

5. 请根据数据源创建散点图，如图 6-49 所示。

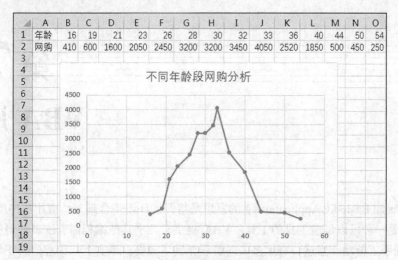

图 6-49 不同年龄段网购分析散点图

第7章
VBA 应用

VBA（Visual Basic for Applications）的意思是将开发环境整合到某个应用程序的 Visual Basic 语言。VBA 是一种可以创造工具的工具。VBA 提供了几乎其他编程语言或者环境能做的事情，以避免重复的手工劳动。当然，有太多人对编程充满了敬畏。事实上，编程语言正朝着人性化、易于掌握的方向发展。Visual Basic 语言简称 VB，是众多语言中最容易学的，所以，大可不必担心诸如"我没有编程基础"之类的心理障碍。

在"100 以内的加减法测试"的案例中已经介绍过宏的概念了，并且知道宏可以帮助我们处理大量重复性操作的问题。广义上来讲，宏就是 VBA。我们经常说的"一段宏代码"和"一段 VBA 代码"实际上是等价的。Office 的宏录制功能可以帮助用户录制一个宏，实际上就是把用户的动作用 VBA 代码的形式记录下来。宏录制的局限性很大，很多动作都不能录制。另外，宏只能录制顺序的多个指令，对于稍微复杂一点的判断操作就不能录制了。如果想避免重复劳动，或者需要多个文档协作，VBA 是最好的选择。虽然默认情况下，VBA 只可以操作 VB 自带的库和 Office 的库，但可以通过添加引用的方式为其扩充功能。理论上 VBA 可以操作任何 Windows API 和任意用 COM 封装的组件。

我们不仅可以通过 VBA 解决重复劳动，还可以将复杂的操作写成 VBA 代码，并且设置代码的执行方式为 VBA 表单控件中的命令按钮，使用时可以通过单击命令按钮来完成代码的运行。这样不但简化了操作，而且可以将其做成通用的模板，可供没有完全掌握 Excel 函数的相关人员使用。

7.1　VBA 基础

编程语言分为两部分，一部分是语法，规定了编程指令执行的顺序和内存的使用方式。但语法本身不能解决任何实际的问题。另一部分我们称为"库"，就是其他人写好的，可以完成一定功能的代码。可以调用库的某一个部分来完成用户想做的事情。语法和库在一起合作，最终可以完成复杂的任务。例如下面的代码：

```
For I = 1 To 10
    ActiveWindow.Captain = I
Next
```

代码的功能是让当前 Office 组件的窗口标题在一瞬间从 1，2，3，…，到 10 命令。

For…Next 是 VB 规定的语法，用于语句的循环。Active Window 是指当前活动的 Windows 窗口，Captain 指窗口标题，这些就是提供 Office 功能的 COM 组件。

可以类似地写出如下的代码：

```
Sum = 0
For I = 1 To 10
    Sum = Sum + I
Next
```

即求 1+2+3+…+10 的和。而如下代码：

```
For I = 1 To 10
    MsgBox I
Next
```

可以依次弹出 10 次对话框，分别显示 1，2，…，10。

由此可见，语法仅仅是完成其任务而已（在这里是循环）。在后面的介绍中，我们不会花很多时间介绍语法，仅在第一次用某种语法举例时，简要说明一下。

7.1.1　VBA 的开发环境

VBA 的开发环境

在正式介绍编程之间，我们简单介绍一下 VBA 的开发环境。

如果标题栏中无"开发工具"选项卡，可以在"Excel 选项"对话框中进行设置。选择"文件"|"选项"命令，打开"Excel 选项"对话框，如图 7-1 所示。选择该对话框左侧的"自定义功能区"选项卡。在该对话框右侧的"从下列位置选择命令"下拉列表框中选择"常用命令"选项。在"自定义功能区"下拉列表框中选择"主选项卡"选项，然后选中"开发工具"复选框，单击"确定"按钮。

图 7-1　设置"开发工具"选项卡的对话框

单击"开发工具"|"代码"|"Visual Basic"按钮，如图 7-2 所示，或者按 Alt+F11 组合键，

都可以打开 VBA 的编辑窗口。编写代码时，还需要再通过"视图"菜单下的"代码窗口"命令打开代码窗口，如图 7-3（a）所示。

另一种方法是使用宏，选择"开发工具"|"宏"，打开"宏"对话框。在"宏名"的文本框中输入设定的过程名称，例如 Test，如图 7-3（b）所示，然后单击"创建"按钮，打开代码窗口。

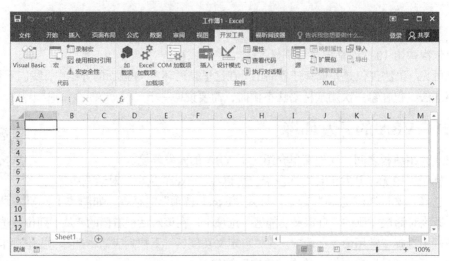

图 7-2　打开 VBA 编辑窗口命令

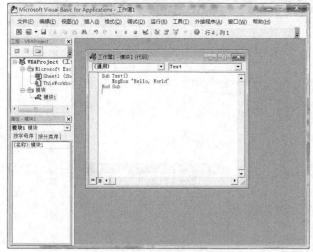

（a）VBA 编辑窗口

（b）"宏"对话框

图 7-3　打开代码窗口

在 VBA 编辑窗口中需要输入所有代码，包括 Sub Test()和 End Sub。而在宏中只需要输入过程中执行的代码。

```
Sub Test()
    MsgBox "Hello, World"
End Sub
```

通过单击 VBA 编辑窗口中菜单栏上面的绿色箭头（运行按钮），就可以运行编写好的代码了。可以在桌面上新建一个文本文件，将代码"MsgBox "Hello, World"代码放到文本中，然后保存为

test.vbs（注意：不是 test.vbs.txt，一定要把默认的扩展名删除）。然后双击这个文件，即可执行该代码。（如果有杀毒软件或者防火墙提示是否执行脚本的话，请确认允许）

也可以首先在工作表中插入一个控件按钮，如图 7-4 所示。然后在弹出的"指定宏"对话框中选择我们已经创建过的宏。最后修改控件按钮的文字说明即可。

以后再要调用这个宏代码的话，直接单击这个控件按钮即可。

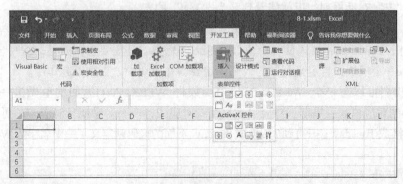

图 7-4　工作表中插入控件按钮命令

为了保护 Office 用户免受病毒的侵害和危险宏代码的影响，不能使用标准文件扩展名的 Office 文档保存含有宏代码的文件，需要将代码保存在带有特殊扩展名的文件中。也就是说，不能将宏保存为.xlsx 扩展名的标准 Excel 文档中，而是需要保存为.xlsm 扩展名的特殊 Excel 文档。

打开.xlsm 文件时，Office 安全功能可能会阻止文档中的宏运行。

打开"Excel 选项"对话框，在"信任中心"选项卡中单击"信任中心设置"按钮，在打开的对话框中选择"宏设置"选项卡进行设置，如图 7-5 所示。默认设置为"禁用所有宏，并发出通知"用户可根据具体情况进行相关设置。

图 7-5　"宏设置"选项卡

7.1.2　Sub 和 Function

一般来讲，初学编程的人员往往对代码对应的结果感到比较混乱。在这里，将介绍常用的代码。如果有其他的需要，可以查阅 VB 的相关手册。

"Sub"关键字表示一个程序的开始，"End Sub"关键字表示程序的结束。

VBA 编程基础

所谓关键字就是 VB 定义好的，有特殊意义的词汇。在写代码时不可以写错一个字母，否则代码就不能被程序解释器接受（输入时可不区分大小写，VBA 开发环境会自动调整）。开发环境中代码的关键字都以蓝色显示。例如 For、Next、If、Then、While 等都是关键字。以上代码中的 Test 是一个名称，即这个 Sub 的名称。编程者可以自定义这个名称，但名称中不能包含一些特别的符号，并且不能与关键字重名（注意：绝对不能包含空白字符，如空格或制表符）。写完这段代码后，在 Office 的"宏"对话框列表里就能看到名为"Test"的宏了。

Function 为自定义函数，所谓的自定义函数就是编程者写的一个函数程序。它与 Sub 除了关键字的差别外，Function 需要返回一个值，而 Sub 不需要。还需要强调的是，编写自定义函数前一定要先插入一个模块，自定义函数的代码一定要写在模块中，否则不起作用。

例如，我们可以写一个 WeekDayName() 函数将 WEEKDAY() 返回的值做进一步的转换，WEEKDAY() 的对应值是：星期一对应 1，星期二对应 2，……，星期日对应 7；再将 1 转换成 Monday，2 转换成 Tuesday……直到 7 转换成 Sunday。下面的代码就定义了一个名字为 WeekDayName() 的函数。

```
Function WeekDayName (W As Integer) As String
    Select Case W
        Case 1
            WeekDayName = "Monday"
        Case 2
            WeekDayName = "Tuesday"
        Case 3
            WeekDayName = "Wednesday"
        Case 4
            WeekDayName = "Thursday"
        Case 5
            WeekDayName = "Friday"
        Case 6
            WeekDayName = "Saturday"
        Case 7
            WeekDayName = "Sunday"
    End Select
End Function
```

函数代码写完后，就可以使用自定义的 WeekDayName() 函数。例如，今天是星期二，我们在 Excel 单元格里面输入公式："=""Today is "" & WeekDayName(WEEKDAY(TODAY(),2))"，计算结果为"Today is Tuesday"。

7.1.3　变量与类型

变量用来存放程序运行过程中涉及的各种中间数据。它是内存中一个命名的存储单元。对这个存储单元，我们不用地址码表示具体位置，而借用一个字符串来表示它。这个字符串就表示了内存中存储单元的符号地址。因此，变量就是内存中存储单元的符号地址，或者说变量是内存中一个命名的存储单元。

建议用下面的代码格式来定义变量：

```
Dim var As Type
```

其中 Dim 和 As 是关键字，而 var 就是变量名。变量名称可以自定义，只要其不包含一些特别的符号，并且不与关键字重名。Type 指变量的类型，同时还包含了分配给变量的一块内存空间和内部结构。例如，Integer 为整型，分配 2 个 Byte；Long 长整型，分配 4 个 Byte；

Double 双精度浮点型（小数），分配 8 个 Byte 等。以上这些类型由 VB 定义，被称为基本类型。

虽然 VBA 允许直接使用变量而不经任何声明。但是这样做可能会引起难以调试的错误。例如，在第一行直接使用了变量 abc，结果到了后边由于笔误写成了 acb。因为语法没有问题，所以解释器就不会报错。但运行过程或运行结果一定是不正确的。对于稍微大一些的程序来讲，需要在密密麻麻的代码中定位错误，确定可能出现问题的位置，进而将这个错误找出来，是非常困难的。因此，对于变量来讲，先声明再使用，是非常必要的。为了强制要求变量必须先声明再使用，可以在程序的第一行加上如下代码：

```
Option Explicit
```

这样，如果不经声明而直接使用变量，系统就会报语法错误。

7.1.4　对象

面向对象方法中的对象由一组属性和一组行为构成，是系统中用来描述客观事物的一个实体。它是用来构成系统的一个基本单位。

对象提供了一种使编程更加符合人们的思维习惯的机制。这样，进行基于对象的编程就很方便了。例如，下面的代码：

```
Application.Workbooks.Add
```

通过 Application 新建了一个 Workbooks 对象。

与每一个变量都有一个类型一样，每个组件都定义了若干对象类型。每个类型可以生成不同的对象实例。这就是说，如果有一个 Excel.Application 的对象类型，就可以生成很多个此类型的对象实例。

每个对象都有以下几个特性。

（1）方法：表示一种动作。这和前面说的 Sub 是没什么区别的，只不过它代表针对当前对象的动作。例如，上面提到的 Workbooks.Add 中的 Workbooks 是一个对象（更确切地说，是一个集合对象），而 Add 就是这个对象的方法，用于执行"新建一个 Workbooks"这个动作。

（2）函数：具有返回值的功能。这和前面说的 Function 没什么区别，只不过它代表针对当前对象的功能。

（3）属性：表示对象所带有的某种信息。例如，Window 对象具有 Captain 属性，表示其标题栏的标题；Height 和 Width 属性表示 Window 对象的高和宽等。通过改变这些值就可以改变对象所代表的实体，如改变其外观。

每个属性既可能是一个对象，也可能是一个基本类型的变量。每个属性都属于一个类型。同时它们还有两种特别的属性：一种是"只读"的属性。就是说不能改变它，而仅仅能读取它。另一种是"集合"的属性，表示当前对象包含一组子对象。直观上，一个 Application 包含多个 Workbooks，一个 Workbooks 包含多个 Worksheet，一个 Worksheet 包含若干的 Range。

在 Excel 的 VBA 编程中，常常会用到通过字符串返回 Range 的功能，然后进一步对 Range 进行操作。Range 是一个对象，Range 类型的函数有多种形式，使用非常灵活。可以使用 Range 类型的函数来代表某一单元格、某一行、某一列、某一选定单元格区域等。

更多对象的使用方法可以在 Excel 的 VBA 编辑器窗口中通过"帮助"（或 F1 键）功能获得。

如果要获得第一个 Workbooks 的第一个 Worksheet 的 A1 单元格，那么代码可以这样写：

```
Application.Workbooks(1).Worksheets(1).Range("A1")
```

在实际书写代码时，可以看到大多数集合对象比常规对象的名称多一个 s，是表示复数（这是一种习惯，而不是语法要求的）。另外，取得集合中的某一个对象既可以用对象索引值来获得（索引值从 1 开始计算），也可以通过对象的名称获得。如果第一个工作表名称叫作"MySheet"，那么上面的代码可以等价写为：

```
Application.Workbooks(1).Worksheets("MySheet").Range("A1")
```

需要注意，访问对象成员的语法就是在对象名称后边加"."。确切的语法是：

```
[对象名].[成员名]
```

我们通过对象的引用还能够直接操作对象。如下面的代码：

```
Dim a As Range
Set a = Range("A1")
```

就定义了一个对象 a 的引用。需要注意的是，对对象引用进行赋值时需要加 Set 关键字，表示传递的是引用。如果不加 Set，就等价于对对象的默认属性赋值。如果 a 指向 Range("A1")对象，那么写成：

```
a = "abc"
```

等价于：

```
a.Value = "abc"
```

因为 Value 是 Range 对象的默认属性。但是如果写为：

```
a = Range("A2")
```

就会出错。不要忘记 Set 是关键字。

7.1.5　COM 组件

在 Office 中使用的组件是 COM。组件对象模型（Component Object Model，COM）是微软开发的组件（Component）标准。如果把软件看作一个机器，那么组件就是机器的零件。组件之间相互协作，共同完成任务。

要使用 COM 组件，就必须先注册。Office 会注册几个组件，这些组件分别对应不同的 Office 程序，例如 Word、Excel、PowerPoint、Outlook 等。注册的结果可以在注册表中查询。

在 VBA 中使用某个类型，需要添加对包含这个类型定义的组件的引用。在 VBA 编辑器中选择"工具"|"引用"命令，在打开的"引用-VBAProject"对话框中更改引用，如图 7-6 所示。

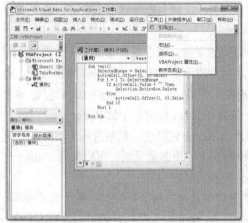

图 7-6　VBA 组件的引用

默认情况下，VBA 已经自动添加了一些必要组件的引用，所以在大多数情况下可以完全忽略以上的步骤，直接写代码。但如果想用一些额外的组件，就需要手动添加了。

7.1.6　几个完整的 VBA 程序

在前面讲解的案例中，通过 Excel 提供的系统功能和函数就可以实现各种需求。现在，在了解了 VBA 以后，通过 VBA 代码完成插入表单控件等任务。

例 7.1　对一个单元格区域内红色的数字求和。

Excel 提供的 SUM()函数不能对待求和数据进行条件判断，而 SUMIF()函数只允许对待求和数值进行数值比较上的判断，也无法处理"红色字体"这种格式条件。VBA 可以将这些基本的功能组织到一起，完成自定义的任务。

一个 VBA 编程例题

通过 VBA 解决问题，不能直接写代码。在问题开始处理之前，应该先对其进行分析，明确问题，给出解决方案。

需明确以下 6 个方面的问题：

（1）如何表示一个单元格范围，并以此作为问题的输入，即到底要对哪些单元格应用这个自定义的求和？

（2）如何遍历一个个的单元格？

（3）如何获取一个单元格的值？

（4）如何判断一个单元格的文字是红色的？

（5）如何求和？

（6）如何输出？

第一个问题，可以用最简单的单元格区域选择的方法来解决这个问题。用户在单元格上拖动鼠标选中一组单元格。然后在 VBA 中可以用 Selection 对象来取得所有选中的单元格。Selection 对象的类型是 Range，后面用"对象名{类型名}"方法来表示对象和其类型的关系，如 Selection{Range}。顾名思义，Range 就表示一个单元格的范围。值得注意的是，之前可以看到有这种写法 Range("A1")。这里的 Range 是一个对象名，它等价于 ActiveSheet.Range("A1")。也就是说类型名可以和对象名重名，所以需要区分什么时候 Range 是类型，什么时候 Range 是对象。Selection{Range}可以表示选中的所有单元格。

第二个问题，关于遍历一个像 Selection 这样的集合，VBA 提供了一个语法，即 For Each … Next。其语法为：

```
For Each <obj> In <Collection>
    'Do Something with <obj>
Next
```

使用的时候，将<obj>和<Collection>替换成实际的变量和对象即可。每次<obj>这个变量都会指向 Collection 的一个元素。对于 Selection 来讲，其 Range 就只代表一个单元格。

第三个问题，一个对象 r{Range}包含一个属性，叫作 Value，表示单元格的值。当 r 是表示多个单元格的范围时，r.Value 实际上就是一个数组，包含所有单元格的值；如果 r 是一个单元格，r.Value 就是那个单元格的值。也就是说 Value 的内容随着 r 的改变而改变，并不是一直具有相同的类型，所以 Value 属性一定是 Variant 类型的。

第四个问题，如何判断单元格中文字是红色的。在 Excel 里设定单元格中的字体是红色，是利用字体对话框（Font）来设定的。在 VBA 中是一样的，对象 r{Range}中有一个 Font{Font}属性，表示字体的所有信息，例如边框、加粗、斜体等，当然，还有文字颜色属性 Color{Double}。颜色是由 RGB 组成的，红色对应的是 R=255，G=0，B=0。在 VBA 中写作 RGB(255,0,0)。也就是说如果 r.Font.Color=RGB(255,0,0)为真，那就说明当前单元格中的数据是红色的（注意，这里的 r.Font.Color=RGB(255,0,0)是逻辑表达式）。当然，VBA 还提供了一些颜色常量，如红色是 vbRed。所以，上面的代码等价于 r.Font.Color=vbRed。

第五个问题，求和可以用累加的方法实现。设定一个变量 sum，初始值为 0。然后遍历所有单元格，如果单元格符合条件，就将其值累加到 sum 上。需要注意，求和之前应该根据要求和数据的总量估算出求和结果的范围。从而，可以使我们合理的定义 sum 的类型。Integer 类型数据的范围为-32768～32767，而 Long 类型数据的范围为-2147483648～2147483647。

第六个问题，输出。可以选择使用 MsgBox 输出。

当所有问题都解决了以后，就可以尝试着编写代码了。

```
Sub SumIfRed()
    Dim sum As Integer
    Dim r As Range
    sum = 0
    For Each r In Selection
        If r.Font.Color = vbRed Then
            sum = sum + r.Value
        End If
    Next
    MsgBox sum
End Sub
```

这个问题我们也可以通过定义一个函数来解决。

```
Function SumIfRed(range As Range) As Integer
    Dim sum As Integer
    Dim r As Range
    sum = 0
    For Each r In range
        If r.Font.Color = vbRed Then
            sum = sum + r.Value
        End If
    Next
    SumIfRed = sum
End Sub
```

可以看到，函数接受一个 range{Range}作为操作范围（因此 For Each 的 Collection 也从 Selection 改为 range），并将结果作为函数的返回值。这样，就能在 Excel 中直接使用了。例如，在 A1:A10 单元格区域输入一些整数，然后在 A11 单元格中输入"=SumIfRed(A1:A10)"就能得到 A1:A10 单元格区域中红色数字的和。

使用单元格作为自定义函数使用的 Function 时需要注意，Function 在执行过程中不能改变任何单元格的状态（格式、值等），否则 Excel 会报错。不过如果 Function 是被 Sub 调用的，就没有这个限制了。

到此，读者应该可以用 VBA 完成一些初步的工作了。对于 VBA 编程来讲，要多熟悉例题，多做习题，多上机练习，只有这样，才能尽快掌握在 Excel 中使用 VBA 的方法。

例 7.2　删除选中的一列单元格区域中的空白单元格。

先选择一个单列多行的单元格区域。用循环语句遍历整个选中的区域，遍历时要对每一个单元格的当前值是否为空进行判断。如果单元格的当前值为空，就删除它，否则，继续向下，直到将整个单元格区域遍历结束。

VBA 代码如下：

```
Sub DeleteEmptyRows()
    SelectedRange = Selection.Rows.Count
    ActiveCell.Offset(0, 0).Select
    For i = 1 To SelectedRange
        If ActiveCell.Value = "" Then
            Selection.EntireRow.Delete
        Else
            ActiveCell.Offset(1, 0).Select
        End If
    Next i
End Sub
```

选择一个单元格区域后，再运行此程序来删除所选区域中具有空白单元格的所有行。

7.2 库存查询

7.2.1 案例说明

有一个仓库库存数量汇总表，如图 7-7 所示。现要求从库存表中查询包含某个关键字的设备的库存情况，如查询“插座”，查询结果如图 7-8 所示。

	A	B	C	D
1	仓库库存数量汇总表			
2	货品编码	设备名称	单位	库存数量
3	AQXT005	网神入侵防御系统P5000-TG14M	台	1
4	AQXT006	网神入侵检测系统D3000-TE24M	台	1
5	BHP001	5400保护片	个	6
6	BHP005	DPK 700K保护片	个	1
7	BJB154	HP 430G4（I5-7200/8G/256G/W10/13.3）笔记本	台	3
8	BJB185	HP cr0009TX（I5-8250/8G/256固态/2G/14寸）笔记本	台	1
9	BJB190	苹果MR9Q2（i5-8259U/8G/256G/13寸）笔记本	台	1
10	BJBB004	IPAD 包及屏帖	套	1
11	BJBYP002	WD1T笔记本硬盘	块	1
12	CLQ003	海普迪TAP-650音频处理终端	台	94
13	CP004	CD-R光盘（散）	片	8
14	CSQ001	双绞线传输器	对	4
15	CZ002	子弹头010插座	个	19
16	CZ005	子弹头025插座	个	15
17	CZ030	子弹头010插座（5M）	个	20
18	CZ064	子弹头004插座	个	16
19	CZ075	比尚321插座（1.8米）	个	20
20	CZ077	比尚313插座（3米）	个	50
21	CZ078	比尚315（3米）插座	个	20
22	CZ080	公牛5孔暗装插座	个	13
23	DEPPJ005	戴尔V3478-1625（i5-8250/8G/256G/2G/14寸）笔记本	台	4
24	DH001	底盒	个	13
25	DJ005	幕布三脚架	对	1
26	DJJ021	吉腾F12B对讲机话筒	个	2
27	DKQ007	快捷CR-IC70读卡器	台	114
28	DVD007	先锋DVD光驱	块	1
29	DY010	手机充电器	个	2
30	DY020	语音直流电源	块	1
31	DY068	24V 3A电源	块	1
32	DY081	酷睿400电源	块	4

库存表　查询结果

图 7-7　仓库库存数量汇总表

輸入设备包含的文字	插座	
	共找到 8 种产品	查询

货品编码	设备名称	库存数量
CZ002	子弹头010插座	19
CZ030	子弹头010插座（5M）	20
CZ064	子弹头004插座	16
CZ075	比尚321插座（1.8米）	20
CZ077	比尚313插座（3米）	50
CZ078	比尚315（3米）插座	20
CZ080	公牛5孔暗装插座	13
PDUDY004	大唐八位PDU插座	4

图 7-8　查询"插座"的结果

7.2.2　知识要点分析

案例要求从库存表中查询包含某个关键字的设备的库存情况。首先，需要从库存表的"设备名称"字段中遍历查询，寻找包含指定关键字的设备名称。要解决这个问题可以使用系统给出的InStr()函数。如果有包含指定关键字的设备名称，那么就将该设备名称和其对应的库存量写到"查询结果"工作表的指定位置，并且统计共找到了多少个包含指定关键字的设备名称。

7.2.3　操作步骤

创建一个名称为"Check_Stock"的宏，将以上分析处理的代码写在 Sub Check_Stock()下面。为了方便使用，可以在表格中插入一个按钮控件，将其指定给 Sub Check_Stock()事件。

库存查询

VBA 代码如下：

```
Sub  Check_Stock ()
    Dim S$, J&, L$, F_Key$, M%
    Dim EP_Name$, Total&
    Total = 3
    Do
        Total = Total + 1
        If Worksheets("查询结果").Range("A" & Total).Value <> "" Then
            Worksheets("查询结果").Range("A" & Total).Value = ""
            Worksheets("查询结果").Range("B" & Total).Value = ""
            Worksheets("查询结果").Range("C" & Total).Value = ""
        Else
            Exit Do
        End If
    Loop
    F_Key = Range("C1").Value
    M = 1: S = "B": J = 2: Total = 3
    Do
        J = J + 1
        L = S & J
        EP_Name = Worksheets("库存表").Range(L).Value
        If EP_Name = "" Then Exit Do
        If InStr(EP_Name, F_Key) <> 0 Then
            Total = Total + 1:
```

```
            Worksheets("查询结果").Range("A" & Total).Value = Worksheets("库存表").
Range("A" & J).Value
            Worksheets("查询结果").Range("B" & Total).Value = EP_Name
            Worksheets("查询结果").Range("C" & Total).Value = Worksheets("库存表").
Range("D" & J).Value
          End If
    Loop
    Worksheets("查询结果").Range("B2").Value = "共找到 " & Total - 3 & " 种产品"
End Sub
```

请大家试一试能不能通过 Excel 提供的系统功能和函数来完成案例的要求。

7.3　报名结果统计

7.3.1　案例说明

将学生参赛报名简表（如图 7-9 所示），汇总到报名信息汇总表中，如图 7-10 所示。同时还要将指导教师和参赛队联系人的姓名和电子邮箱地址统计到 "E-mail" 工作表中，如图 7-11 所示。

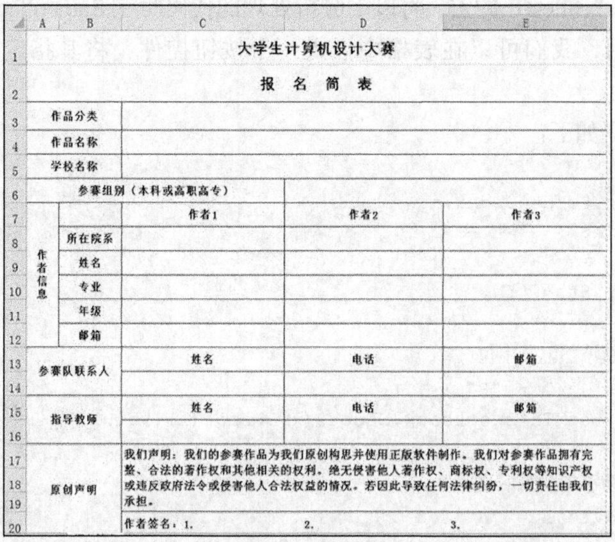

图 7-9　报名简表

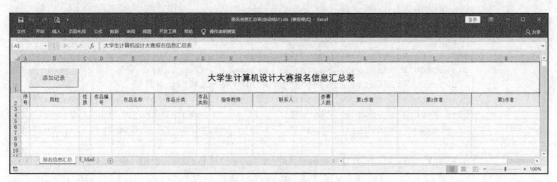

图 7-10　报名信息汇总表

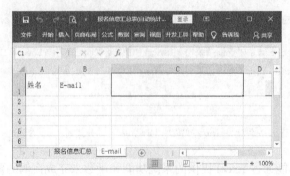

图 7-11　联系人信息表

7.3.2　知识要点分析

单击"添加记录"按钮，在弹出的"打开"对话框中，选择需要提取信息的报名简表，然后将报名简表中的相关信息提取出来，写入报名信息汇总表的相应位置。同时还要将报名简表中指导教师和参赛联系人的"姓名"和"邮箱"信息提取出来，写入"E-mail"工作表中。

7.3.3　操作步骤

创建一个名称为"collect"的宏，将以下分析处理的代码写在 Sub collect()下面。为了方便使用，我们可以在表格中插入一个按钮控件，将其指定给 Sub collect()事件。

报名结果统计

具体的 VBA 代码如下：

```
Sub collect()
    Application.ScreenUpdating = false
    Dim Filename$
    Dim Mail%
    Dim I%, J%, Stu%, YN%
    I = 2
    Do        '新添加记录定位
        I = I + 1: L = "B" & I
    Loop While Len(ThisWorkbook.Sheets(1).Range(L).Value) > 1
    J = 0
    Do        '新添加邮箱信息定位
        J = J + 1: L = "A" & J
    Loop While Len(Worksheets("E_Mail").Range(L).Value) > 1
    Do
        Filename = Application.GetOpenFilename
        Workbooks.Open Filename
        ThisWorkbook.Sheets(1).Range("A" & I) = I - 2
        Temp = ActiveWorkbook.Sheets(1).Range("C3")
        ThisWorkbook.Sheets(1).Range("F" & I) = Mid(Temp, 4)
        ThisWorkbook.Sheets(1).Range("G" & I) = Left(Temp, 3)
        ThisWorkbook.Sheets(1).Range("E" & I) = ActiveWorkbook.Sheets(1).Range("C4")
        ThisWorkbook.Sheets(1).Range("B" & I) = ActiveWorkbook.Sheets(1).Range("C5")
        ThisWorkbook.Sheets(1).Range("C" & I) = ActiveWorkbook.Sheets(1).Range("D6")
        Stu = 1
        ThisWorkbook.Sheets(1).Range("K" & I) = "姓名:" & ActiveWorkbook.Sheets(1).
Range("C9") & Chr(13) & Chr(10) & "专业:" & ActiveWorkbook.Sheets(1).Range("C10") & Chr(13)
```

```
& Chr(10) & "年级:" & ActiveWorkbook.Sheets(1).Range("C11")
            If ActiveWorkbook.Sheets(1).Range("D9") <> "" Then
                Stu = Stu + 1
                ThisWorkbook.Sheets(1).Range("L" & I) = "姓名:" & ActiveWorkbook.Sheets(1).
Range("D9") & Chr(13) & Chr(10) & "专业:" & ActiveWorkbook.Sheets(1).Range("D10") & Chr(13)
& Chr(10) & "年级:" & ActiveWorkbook.Sheets(1).Range("D11")
            End If
            If ActiveWorkbook.Sheets(1).Range("E9") <> "" Then
                Stu = Stu + 1
                ThisWorkbook.Sheets(1).Range("M" & I) = "姓名:" & ActiveWorkbook.Sheets(1).
Range("E9") & Chr(13) & Chr(10) & "专业:" & ActiveWorkbook.Sheets(1).Range("E10") & Chr(13)
& Chr(10) & "年级:" & ActiveWorkbook.Sheets(1).Range("E11")
            End If
            ThisWorkbook.Sheets(1).Range("J" & I) = Stu
            ThisWorkbook.Sheets(1).Range("H" & I) = "姓名:" & ActiveWorkbook.Sheets(1).
Range("C16") & Chr(13) & Chr(10) & "电话:" & ActiveWorkbook.Sheets(1).Range("D16") & Chr(13)
& Chr(10) & "邮箱:" & ActiveWorkbook.Sheets(1).Range("E16")
            ThisWorkbook.Sheets(1).Range("I" & I) = "姓名:" & ActiveWorkbook.Sheets(1).
Range("C14") & Chr(13) & Chr(10) & "电话:" & ActiveWorkbook.Sheets(1).Range("D14") & Chr(13)
& Chr(10) & "邮箱:" & ActiveWorkbook.Sheets(1).Range("E14")
            ThisWorkbook.Sheets(2).Range("A" & J) = ActiveWorkbook.Sheets(1).Range("C14")
            ThisWorkbook.Sheets(2).Range("B" & J).Value = ActiveWorkbook.Sheets(1).
Range("E14")
            J = J + 1
            ThisWorkbook.Sheets(2).Range("A" & J).Value = ActiveWorkbook.Sheets(1).
Range("C16")
            ThisWorkbook.Sheets(2).Range("B" & J).Value = ActiveWorkbook.Sheets(1).
Range("E16")
            J = J + 1
            ActiveWorkbook.Close
            Application.ScreenUpdating = true
            I = I + 1
            YN = MsgBox("继续吗？", vbInformation + vbYesNo + vbDefaultButton1, "汇总任
务完成")
        Loop While YN = vbYes
    End Sub
```

习　　题

一、单项选择题

1. 假定有以下循环结构：

```
Do Until 条件
    循环体
Loop
```

则正确的叙述是（　　　）。

（A）如果"条件"值为 0，则一次循环体也不执行

（B）如果"条件"值为 0，则至少执行一次循环体

（C）如果"条件"值不为 0，则至少执行一次循环体

（D）无论"条件"是否为"真"，至少要执行一次循环体

2. 若有以下窗体单击事件过程：

```
Private Sub Form_Click( )
    a = 1
    For i = 1 To 3
        Select Case i
            Case 1, 3
                a = a + 1
            Case 2, 4
                a = a + 2
        End Select
    Next i
    MsgBox a
End Sub
```

单击窗体，则消息框的输出内容是（   ）。

（A）4　　　　　　　（B）5　　　　　　　（C）6　　　　　　　（D）7

3. 在窗体中添加一个命令按钮（名为 Command1）和一个文本框（名为 Text1），事件过程如下：

```
Private Sub Command1_Click()
    Dim x As Integer, y As Integer, z As Integer
    x = 5: y = 7: z = 9
    Text1 = ""
    Call p1(x, y, z)
    Text1 = z
End Sub
Sub p1(a As Integer, b As Integer, ByVal c As Integer)
    c = a + b
End Sub
```

运行后，单击命令按钮，文本框中显示的内容是（   ）。

（A）5　　　　　　　（B）7　　　　　　　（C）9　　　　　　　（D）12

4. 以下程序段运行结束后，变量 x 的值为（   ）。

```
x = 2
y = 4
Do
    x = x * y
    y = y + 1
Loop While y < 6
```

（A）4　　　　　　　（B）40　　　　　　　（C）8　　　　　　　（D）20

5. 在窗体上添加一个命令按钮（名为 Command1），事件过程如下：

```
Private Sub Command1_Click()
    For i = 1 To 4
        x = 4
        For j = 1 To 3
            x = 3
            For k = 1 To 2
                x = 2
                x = x + 6
            Next k
        Next j
    Next i
    MsgBox x
```

```
End Sub
```

运行后，单击命令按钮，消息框的输出结果是（　　　）。

　　（A）7　　　　　　　　（B）157　　　　　　　（C）18　　　　　　　（D）8

二、程序填空题

1. 下面程序的功能是，随机生成 20 个两位整数，并统计出其中小于等于 60、大于 60 小于等于 80 及大于 80 的数据以及相应个数，结果打印输出到窗体。请对程序代码进行补充完善。

```
Private Sub Form_Click()
    Dim N%, A%, B%, C%, i%, X$, Y$, Z$
    For i = 1 To 20
        N = Fix(Rnd() * 91 + 10)
        If N <= 60 Then
            X = X & N & " "
            A = A + 1
        ElseIf _____ Then
            Z = Z & N & " "
            C = C + 1
        Else
            Y = Y & N & " "
            B = B + 1
        End If
    Next i
    Print "小于等于60的个数: " & A & "个," & X
    Print "大于60小于等于80的个数: " & B & "个," & Y
    Print "大于80的个数: " & C & "个," & Z
End Sub
```

2. 下面程序的功能是，利用随机函数产生 10 个（59，142）范围内的随机整数，显示它们中的最大值、最小值和平均值。请对程序代码进行补充完善。

```
Private Sub Form_Click()
    Dim Max%, Min%, i%, A%, Sum%
    Max = 60
    Min = 141
    For i = 1 To 10
        A = _____
        Sum = Sum + A
        If A > Max Then Max = A
        If A < Min Then Min = A
        Print A;
    Next i
    Print
    Print "最大值: " & Max
    Print "最小值: " & Min
    Print "平均值: " & Sum / 10
End Sub
```

3. 下面程序的功能是打印九九乘法表。请对程序代码进行补充完善。

```
Private Sub Form_Click()
    Dim i%, j%, a$
    Cls
    For i = 1 To 9
        For j = 1 To i
            a = i & "×" & j & "=" & i * j
            Print Tab((j - 1) * 9 + 1); _____
```

```
            Next j
            Print
       Next i
 End Sub
```

三、操作题

1. 复制"日报表模板"工作表（已隐藏）至本工作簿最后一个位置，复制后的工作表名称为最后的日期天数+1&"日报表"的格式。如：当前情况下，没有任何一天的日报表，则新复制的工作表名称是"1 日报表"，如果再添加时就是 1+1=2 日报表。如果目前已存在 5 天的日报表，则复制后的工作表名称应为"6 日报表"。

注："日报表模板"工作表复制后要隐藏起来。

2. 把所有日报表另存为工作簿到同一文件夹下，工作簿名称为工作表的名称。

3. 在"报名结果统计"案例的基础上，写一个 VBA 代码，删除重复的指导教师、参赛队联系人的姓名、电子邮箱。试一试能否通过 Excel 提供的系统功能和函数解决这个问题。

第8章
综合应用

通过前面章节的学习，我们深深地被电子表格强大的功能折服，那么电子表格在市场营销方面有哪些作用呢？它可以统计客户资料，进行交易评估、销售数据统计汇总、销售数据图表分析、销售公司的成本—产量（或销售量）—利润依存关系分析、消费者购买行为分析研究、营销决策和销售预测分析等。

8.1 销售数据分析

8.1.1 案例说明

请对素材文件中的销售数据进行分析，要求完成以下操作：

（1）将"产品信息"工作表中 A1:D78 单元格区域命名为"产品信息"；将"客户信息"工作表中 A1:G92 单元格区域命名为"客户信息"。

（2）在"订单明细"工作表中，完成下列任务：

① 根据 B 列中的产品代码，在 C 列、D 列和 E 列填入相应的产品名称、产品类别和产品单价（对应信息可在"产品信息"工作表中查找）。

② 设置 G 列单元格格式，折扣为 0 的单元格显示"–"，折扣大于 0 的单元格显示为百分比格式，并保留 0 位小数（如 15%）。

③ 在 H 列中计算每笔订单的销售金额，公式为"金额=单价×数量×（1–折扣）"，设置 E 列和 H 列单元格格式为"货币"，保留 2 位小数。

（3）在"订单信息"工作表中，完成下列任务：

① 根据 B 列中的客户代码，在 E 列和 F 列填入相应的发货地区和发货城市（提示：需首先清除 B 列中的空格和不可见字符），对应信息可在"客户信息"工作表中查找。

② 在 G 列计算每笔订单的订单金额，该信息可在"订单明细"工作表中查找（注意：一个订单可能包含多个产品），计算结果的格式设置为"货币"，保留 2 位小数。

③ 使用条件格式，将每笔订单订货日期与发货日期间隔大于 10 天的记录所在单元格背景色设置为"红色"，字体颜色设置为"白色，背景 1"。

（4）在"产品类别分析"工作表中，完成下列任务：

① 在 B2:B9 单元格区域计算每类产品的销售总额，设置单元格格式为货币格式，保留 2 位

小数，并按照销售额对表格数据降序排序。

② 在 D1:L17 单元格区域中创建复合饼图，并设置图表标题、绘图区、数据标签的内容及格式，如图 8-1 所示。

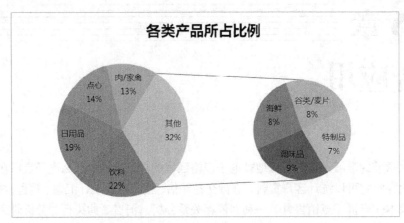

图 8-1　各类产品所占比例

（5）在所有工作表的最右侧创建一个名为"地区和城市分析"的新工作表，并在该工作表 A1:C19 单元格区域创建数据透视表，以便按照发货地区和发货城市汇总订单金额。数据透视表设置如图 8-2 所示。

发货地区	发货城市	订单金额汇总
东北	大连	¥44,635.01
华北	北京	¥19,885.02
	秦皇岛	¥22,670.88
	石家庄	¥24,460.51
	天津	¥182,610.14
	张家口	¥5,096.60
华东	常州	¥25,580.56
	南昌	¥5,694.16
	南京	¥53,004.87
	青岛	¥4,392.36
	上海	¥1,275.00
	温州	¥33,183.73
华南	海口	¥3,568.00
	厦门	¥1,302.75
	深圳	¥95,755.28
西北	西安	¥2,642.50
西南	重庆	¥56,012.17
总计		¥581,769.55

图 8-2　数据透视图样例

（6）在"客户信息"工作表中，根据每个客户的销售总额计算其所对应的客户等级（不要改变当前数据的排序），等级评定标准可参考"客户等级"工作表；使用条件格式，将客户等级为 1 级～5 级的记录所在单元格背景色设置为"红色"，字体颜色设置为"白色，背景 1"。

（7）为文档添加自定义属性，属性名称为"机密"，类型为"是或否"，取值为"是"。

8.1.2　知识要点分析

工作簿中有 6 个工作表，主要考查工作表格式属性的设置、数据透视表、VLOOKUP()函数、IF()函数、MID()函数及 SUMIF()函数的应用。首先要分析清楚工作表之间的关系，然后根据要求利用合适的函数进行问题求解。

8.1.3　操作步骤

销售数据分析

要求（1）的操作步骤如下：

① 单击"产品信息"工作表，选择 A1:D78 单元格区域，在"名称"框中输入"产品信息"，按 Enter 键完成输入；单击"客户信息"工作表，选择 A1:G92 单元格区域，在"名称"框中输入"客户信息"，按 Enter 键完成输入。

② 查看已命名的单元格区域。单击"公式"|"定义的名称"|"名称管理器"按钮，打开"名称管理器"对话框，可以查看已定义的名称，如图 8-3 所示。

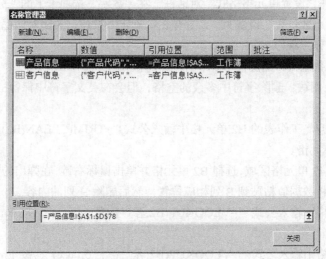

图 8-3　名称管理器

要求（2）的操作步骤如下：

① 选择"订单明细"工作表，选中 C2 单元格，单击"插入函数"按钮，选择"VLOOKUP"函数，单击"确定"按钮，在打开的"函数参数"对话框中输入各个参数，如图 8-4 所示。将公式填充至 C907 单元格。

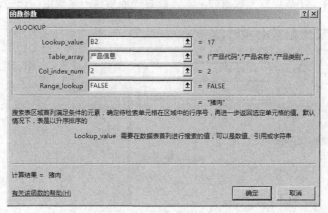

图 8-4　设置 VLOOKUP()函数参数

② 在 D2 单元格中输入公式"=VLOOKUP(B2,产品信息,3,false)"，按 Enter 键后将公式填充至 D907 单元格。

③ 在 E2 单元格中输入公式 "=VLOOKUP(B2,产品信息,4,false)"，按 Enter 键后将公式填充至 E907 单元格。

④ 选择 G2:G907 单元格区域，单击鼠标右键，在弹出的快捷菜单中选择 "设置单元格格式" 命令，打开 "设置单元格格式" 对话框，在 "数字" 选项卡中的 "分类" 列表框中选择 "自定义" 选项，在右侧的 "类型" 文本框中删除默认内容 "G 通用格式"，然后输入 "0%;;"–""，单击 "确定" 按钮，关闭对话框。

⑤ 在 H2 单元格中输入公式 "=E2*F2*(1–G2)"，按 Enter 键后将公式填充至 H907 单元格。

⑥ 选择 E、H 列有数据的单元格区域，单击鼠标右键，在弹出的快捷菜单中选择 "设置单元格格式" 命令，打开 "设置单元格格式" 对话框，在 "数字" 选项卡下的 "分类" 列表框中选择 "货币" 类型，将 "小数位数" 设置为 "2"，单击 "确定" 按钮，关闭对话框。

要求（3）的操作步骤如下：

CLEAN(text)函数用法：删除文本中非打印字符。

TRIM(text)函数用法：删除字符中多余的空格，但会在英文字符中保留一个作为词与词之间分隔的空格。

① 在 "订单信息" 工作表的 H2 单元格中输入公式 "=TRIM(CLEAN(B2))"，按 Enter 键后将公式填充到 H342 单元格。

② 复制 H2:H342 单元格区域，选择 B2 单元格并单击鼠标右键，在弹出的快捷菜单中选择 "粘贴选项/值" 命令，将数据值粘贴到 B 列相应位置，然后删除 H 列的内容。

③ 在 E2 单元格中输入公式 "=VLOOKUP(B2,客户信息,6,false)"，按 Enter 键后将公式填充到 E342 单元格。

④ 在 F2 单元格中输入公式 "=VLOOKUP(B2,客户信息,5,false)"，按 Enter 键后将公式填充到 F342 单元格。

⑤ 选择 G2 单元格，单击 "插入函数" 按钮，然后选择 "SUMIF" 函数，单击 "确定" 按钮，在打开的 "函数参数" 对话框中输入各个参数，如图 8-5 所示，单击 "确定" 按钮。然后再将公式填充至 G342 单元格。选择 G2:G342 单元格区域，单击鼠标右键，在弹出的快捷菜单中选择 "设置单元格格式" 命令，打开 "设置单元格格式" 对话框，在 "数字" 选项卡下的 "分类" 列表框中选择 "货币" 类型，将 "小数位数" 设置为 "2"，设置完成后单击 "确定" 按钮，关闭对话框。

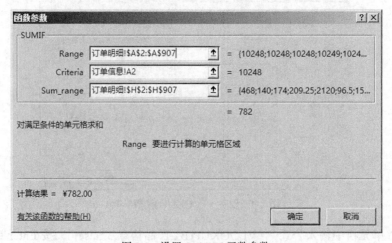

图 8-5 设置 SUMIF()函数参数

⑥ 在"订单信息"工作表中选择"A2:G342"单元格区域,单击"开始"|"样式"|"条件格式"按钮,选择"新建规则"命令,打开"新建格式规则"对话框,在"选择规则类型"列表框中选择"使用公式确定要设置格式的单元格"选项,在"为符合此公式的值设置格式"文本框中输入公式"=$D2-$C2>10",如图 8-6 所示。单击"格式"按钮,弹出"设置单元格格式"对话框,单击"填充"选项卡,设置"背景色"为"标准色/红色",再单击"字体"选项卡,设置字体颜色为"主题颜色白色,背景 1",单击"确定"按钮,关闭所有对话框。

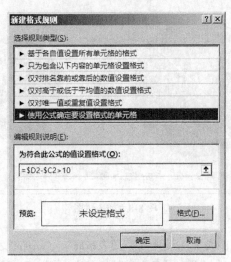

图 8-6 设置条件格式

要求(4)的操作步骤如下:

① 选择"产品类别分析"工作表,单击 B2 单元格,单击"插入函数"按钮,选择"SUMIF"函数,单击"确定"按钮,在打开的"函数参数"对话框中输入各个参数,如图 8-7 所示,单击"确定"按钮。将公式填充至 B9 单元格。然后选择 B2:B9 单元格区域并单击鼠标右键,在弹出的快捷菜单中选择"设置单元格格式"命令,打开"设置单元格格式"对话框,在"数字"选项卡"分类"列表框中选择"货币"类型,将"小数位数"设置为"2",设置完成后单击"确定"按钮,关闭对话框。

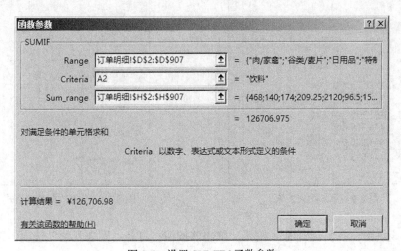

图 8-7 设置 SUMIF()函数参数

② 选中 B2:B9 单元格区域中的任一单元格，单击"数据"|"排序和筛选"|"降序"按钮，即可完成排序。

③ 选择 A1:B9 单元格区域，单击"插入"|"图表"|"饼图"按钮，再选择"子母饼图"选项，在工作表中插入一个子母饼图，如图 8-8 所示。

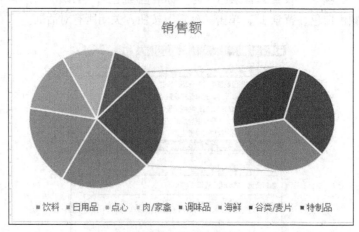

图 8-8　插入饼图

④ 选择该饼图，单击"图表工具/设计"|"图表布局"|"添加图表元素"按钮，选择"图例"|"无"命令，如图 8-9 所示。选择图表对象上方的标题文本框，参考图 8-1，输入图表标题"各类产品所占比例"。

⑤ 选择饼图并单击鼠标右键，在弹出的快捷菜单中选择"设置数据系列格式"命令，在"设置数据系列格式"中"第二绘图区中的值"的文本框中输入"4"，如图 8-10 所示。

图 8-9　添加图表元素

图 8-10　设置数据系列格式

⑥ 选择该饼图，右侧会出现 ➕ 按钮，单击该按钮，打开"图表元素"选项，选择"数据标签"|"数据标注"命令，然后选择"居中"，如图 8-11 所示。

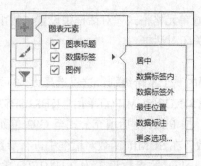

图 8-11 设置图表元素

⑦ 适当调整图表对象的大小及位置，将其放置于工作表的 D1:L17 单元格区域中。

要求（5）的操作步骤如下：

① 新建一个空白工作表，命名为"地区和城市分析"。

② 选择"订单信息"工作表中的 A1:G342 单元格区域，单击"插入"｜"表格"｜"数据透视表"按钮，打开"创建数据透视表"对话框，在"选择放置数据透视表的位置"选项组中选中"现有工作表"单选按钮，单击"位置"文本框中右侧的"压缩对话框"按钮 ⬆，然后选择"地区和城市分析"工作表的 A1 单元格，单击"确定"按钮，如图 8-12 所示。

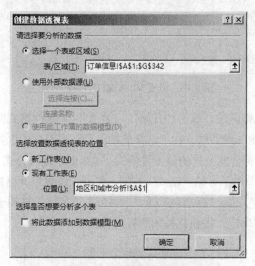

图 8-12 创建数据透视表

③ 在"地区和城市分析"工作表中，将右侧"数据透视表字段"任务列表窗格中的"发货地区"和"发货城市"两个字段分别拖动到"行标签"区域中，将"订单金额"字段拖动到"数值"区域中。

④ 选择 A1:B25 单元格区域，单击"数据透视表工具/分析"｜"数据透视表"｜"选项"按钮，打开"数据透视表选项"对话框，在"布局和格式"选项卡中，选择"合并且居中排列带标签的单元格"复选框，切换到"显示"选项卡，取消选择"显示展开/折叠按钮"复选框，单击"确定"按钮。

⑤ 单击"数据透视表工具/设计"｜"布局"｜"分类汇总"按钮，选择"不显示分类汇总"命令，单击右侧的"报表布局"按钮，选择"以表格形式显示"命令。

⑥ 双击 C1 单元格，在"自定义名称"文本框中输入"订单金额汇总"，单击"确定"按钮；

选择 C2:C19 单元格区域，"设置单元格格式"对话框中设置"货币"类型，将"小数位数"设置为"2"，单击"确定"按钮，关闭对话框。

要求（6）的操作步骤如下：

① 年度销售额在某个范围内属于某个级别，这里选择大致匹配。选择"客户信息"工作表，在 G2 单元格中输入公式"=VLOOKUP(SUMIF(订单信息!$B$2:$B$342,A2,订单信息!$G$2:$G$342), 客户等级!$A$2:$B$11,2,true)"，按 Enter 键后填充公式至 G92 单元格（对函数不太熟悉的读者可以在 H2 单元格中使用插入函数，在 SUMIF 函数对话框中进行参数设置，然后在 G2 单元格中同样使用插入函数，将 Lookup_value 的参数设置为 SUMIF(订单信息!$B$2:$B$342,A2,订单信息!$G$2:$G$342)，如图 8-13 所示。

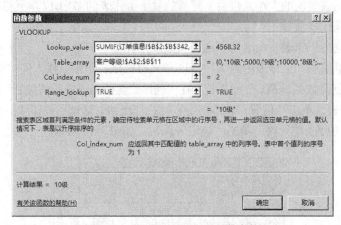

图 8-13 设置 VLOOKUP()函数参数

② 选择 A2:G92 单元格区域，单击"开始"|"样式"|"条件格式"按钮，选择"编辑规则"命令，打开"编辑格式规则"对话框，在"选择规则类型"列表框中选择"使用公式确定要设置格式的单元格"选项，在"为符合此公式的值设置格式"文本框中输入公式"=--MID($G2,1,LEN($G2)-1)<6"，如图 8-14 所示。单击下方的"格式"按钮，打开"设置单元格格式"对话框，切换到"填充"选项卡，设置"背景色"为"标准色/红色"，再单击"字体"选项卡，设置字体颜色为"主题颜色/白色背景 1"，单击"确定"按钮，关闭所有对话框。

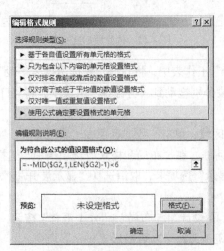

图 8-14 "编辑格式规则"对话框

要求（7）的操作步骤如下：

① 选择"文件"|"信息"命令，在展开的菜单中选择右侧"属性"下拉列表中"高级属性"命令，打开"Excel. xlsx 属性"对话框，单击"自定义"选项卡，在"名称"文本框中输入"机密"；在"类型"下拉列表框中选择"是或否"；设置"取值"为"是"，单击"添加"按钮，如图 8-15 所示，单击"确定"按钮关闭对话框。

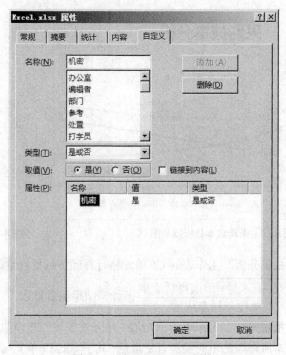

图 8-15　设置 Excel.xlsx 属性

② 单击"快速访回"工具栏中的"保存"按钮，关闭工作簿。

8.2　采购成本分析

8.2.1　案例说明

使用 Excel 来分析采购成本并进行辅助决策。具体要求如下：

（1）在"成本分析"工作表的 F3:F15 单元格区域，使用公式计算不同订货量下的年订货成本，公式为"年订货成本=（年需求量/订货量）×单次订货成本"，计算结果应用货币格式并保留整数。

（2）在"成本分析"工作表的 G3:G15 单元格区域，使用公式计算不同订货量下的年存储成本，公式为"年存储成本=单位年存储成本×订货量×0.5"，计算结果应用货币格式并保留整数。

（3）在"成本分析"工作表的 H3:H15 单元格区域，使用公式计算不同订货量下的年总成本，公式为"年总成本=年订货成本+年储存成本"，计算结果应用货币格式并保留整数。

（4）为"成本分析"工作表的 E2:H15 单元格区域套用一种表格格式，并将表名称修改为"成本分析"；根据"成本分析"工作表中的数据，在 J2:Q18 单元格区域创建图表，图表类型为"带平滑线的散点图"，并根据图 8-16 所示的效果设置图表的标题内容、图例位置、网格线样式、垂直轴和水平轴的最大/最小值及刻度单位和刻度线。

（5）将"经济订货批量分析"工作表 B2:B5 单元格区域中的内容分为两行显示并居中对齐（保持字号不变），如图 8-17 所示，括号中的内容（含括号）显示于第 2 行，然后适当调整 B 列的列宽。

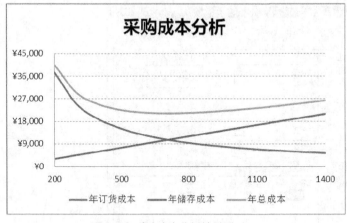

图 8-16　采购成本分析效果图　　　　图 8-17　两行居中显示效果图

（6）在"经济订货批量分析"工作表的 C5 单元格计算经济订货批量的值，公式为

$$经济订货批量=\sqrt{\frac{2\times年需求量\times单次订货成本}{单位年储存成本}}$$ ，计算结果保留整数。

（7）在"经济订货批量分析"工作表的 B7:M27 单元格区域创建模拟运算表，模拟不同的年需求量和单位年储存成本所对应的不同经济订货批量；其中 C7:M7 单元格区域为年需求量可能的变化值，B8:B27 单元格区域为单位年储存成本可能的变化值，模拟运算的结果保留整数。

（8）对"经济订货批量分析"工作表的 C8:M27 单元格区域应用条件格式，将所有小于等于 750 且大于等于 650 的值所在单元格的背景色设置为红色，字体颜色设置为"白色，背景 1"。

（9）在"经济订货批量分析"工作表中，将 C2:C4 单元格区域作为可变单元格，按照表 8-1 所示要求创建方案（最终显示的方案为"需求持平"）。

表 8-1

方案名称	C2	C3	C4
需求下降	10000	600	35
需求持平	15000	500	30
需求上升	20000	450	27

（10）在"经济订货批量分析"工作表中，为 C2:C5 单元格区域按照表 8-2 所示要求定义名称。

表 8-2

C2	年需求量
C3	单次订货成本
C4	单位年储存成本
C5	经济订货批量

（11）在"经济订货批量分析"工作表中，以 C5 单元格为结果单元格创建方案摘要，并将新生成的"方案摘要"工作表置于"经济订货批量分析"工作表右侧。

（12）在"方案摘要"工作表中，将 B2:G10 单元格区域设置为打印区域，纸张方向设置为横向，缩放比例设置为正常尺寸的 200%，打印内容在页面中水平和垂直方向都居中对齐，在页眉正中央添加文字"不同方案比较分析"，并将页眉到上边距的距离值设置为 3。

8.2.2　知识要点分析

这个案例主要考查公式、条件格式、单元格区域命名、方案摘要的创建以及打印工作表，根据要求逐步完成即可。

8.2.3　操作步骤

要求（1）的操作步骤如下：

① 在"成本分析"工作表的 F3 单元格中输入公式"=$C$2/E3*$C$3"，按 Enter 键后将公式填充至 F15 单元格。

② 选择 F3:F15 单元格区域并单击鼠标右键，在弹出的快捷菜单中选择"设置单元格格式"命令，打开"设置单元格格式"对话框，在"数字"选项卡的"分类"列表框中选择"货币"，将小数位数设置为"0"，单击"确定"按钮。

要求（2）的操作步骤如下：

① 在"成本分析"工作表的 G3 单元格中输入公式"=$C$4*E3*0.5"，按 Enter 键后将公式填充至 G15 单元格。

② 选择 G3:G15 单元格区域并单击鼠标右键，在弹出的快捷菜单中选择"设置单元格格式"命令，打开"设置单元格格式"对话框，在"数字"选项卡的"分类"列表框中选择"货币"，将小数位数设置为"0"，单击"确定"按钮。

要求（3）的操作步骤如下：

① 在"成本分析"工作表的 H3 单元格中输入公式"=F3+G3"，按 Enter 键后将公式填充至 H15 单元格。

② 选择 H3:H15 单元格区域并单击鼠标右键，在弹出的快捷菜单中选择"设置单元格格式"命令，打开"设置单元格格式"对话框，在"数字"选项卡的"分类"列表框中选择"货币"，将小数位数设置为"0"，单击"确定"按钮。

要求（4）的操作步骤如下：

① 选择"成本分析"工作表的 E2:H15 单元格区域，单击"开始"|"样式"|"套用表格格式"按钮，选择一种表格样式，打开"套用表格式"对话框，采用默认设置，单击"确定"按钮。

② 在"表格工具/设计"|"属性"组中，将表名称修改为"成本分析"，如图 8-18 所示。

图 8-18　设置表名称

③ 参考图 8-16，选择 E2:H15 单元格区域，单击"插入"|"图表"|"散点图"按钮，选择"带平滑线的散点图"选项。将图表对象移动到 J2:Q18 单元格区域，适当调整图表对象的大小。

④ 单击"图表标题"文本框，将文本"图表标题"删除，在文本框里输入"采购成本分析"。

⑤ 在 Excel 2016 中，图例默认在底部显示。在 Excel 2010 中需选择"图表工具/设计"|"图表布局"|"添加图表元素"下拉列表中的"图例"命令，然后选择"在底部显示"即可。

⑥ 选择左侧的"垂直坐标轴"并单击鼠标右键，在弹出的快捷菜单中选择"设置坐标轴格式"命令，在"设置坐标轴格式"的"坐标轴选项"选项组中将"单位"中的"大（J）"设置为"9000"，其他采用默认设置，如图 8-19 所示。

⑦ 选择底部的"水平坐标轴"，右侧"设置坐标轴格式"中自动出现设置水平坐标轴的选项。在"坐标轴选项"选项组中将最小值设置为"200"，将最大值设置为"1400"，将"单位"中"大（J）"设置为"300"，其他采用默认设置，如图 8-20 所示。

图 8-19 设置垂直坐标轴格式

图 8-20 设置水平坐标轴格式

⑧ 单击图表中的垂直网格线，在"设置主要网格线格式"中选择"线条"选项中的"无线条"，将垂直网格线去掉。单击图表中的水平网格线，在"设置主要网格线格式"中选择"水平网格线"选项，单击"短画线类型"下拉按钮，选择"短画线"选项，单击"关闭"按钮。

要求（5）的操作步骤如下：

① 参考图 8-17，选择"经济订货批量分析"工作表中的 B2 单元格，将光标置于"（单位：个）"之前，按 Alt+Enter 组合键（手动换行）进行换行；按照同样的方法对 B3、B4、B5 单元格进行换行操作。

② 选择 B2:B5 单元格区域，单击"开始"|"对齐方式"|"居中"按钮，选择 B 列，单击"开始"|"单元格"|"格式"按钮，选择"自动调整列宽"选项。

要求（6）的操作步骤如下：

在 C5 中输入公式"=SQRT(2*C2*C3/C4)"，按 Enter 键，单击鼠标右键，在弹出的快捷菜单中选择"设置单元格格式"选项，打开"设置单元格格式"对话框，在"数字"选项卡的"分类"列表框中选择"数值"类型，保留"0"位小数，单击"确定"按钮。

要求（7）的操作步骤如下：

① 在"经济订货批量分析"工作表 B7 单元格中输入公式"=SQRT(2*C2*C3/C4)"，按 Enter 键，单击鼠标右键，在弹出的快捷菜单中选择"设置单元格格式"选项，打开"设置单元格格式"对话框，在"数字"选项卡的"分类"列表框中选择"数值"类型，保留"0"位小数，单击"确定"按钮。

② 选择 B7:M27 单元格区域，单击"数据"|"预测"|"模拟分析"按钮，选择"模拟运算表"命令，打开"模拟运算表"对话框，设置如图 8-21 所示，单击"确定"按钮。

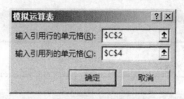

图 8-21　设置模拟运算表

③ 选择 C8:M27 单元格区域并单击鼠标右键，在弹出的快捷菜单中选择"设置单元格格式"命令，打开"设置单元格格式"对话框，在"数字"选项卡的"分类"列表框中选择"数值"类型，保留 0 位小数，单击"确定"按钮。

要求（8）的操作步骤如下：

① 选择"经济订货批量分析"工作表中的 C8:M27 单元格区域，单击"开始"|"样式"|"条件格式"按钮，选择"新建规则"命令，打开"新建格式规则"对话框，选择"只为包含以下内容的单元格设置格式"选项，单元格值的设置如图 8-22 所示。

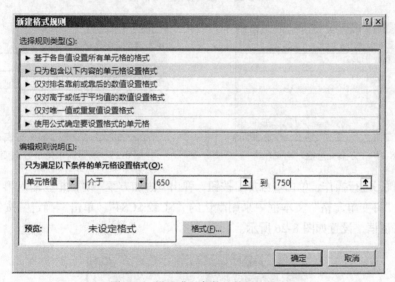

图 8-22　设置满足条件的单元格格式

② 单击"格式"按钮，打开"设置单元格格式"对话框，单击"字体"选项卡，将字体颜色选择为"白色，背景 1"，再单击"填充"选项卡，将"背景色"设置为"标准色/红色"，单击"确定"按钮，关闭所有对话框。

要求（9）的操作步骤如下：

① 在"经济订货批量分析"工作表中，单击"数据"|"预测"|"模拟分析"按钮，选择"方案管理器"命令，打开"方案管理器"对话框，单击"添加"按钮，打开"编辑方案"对话框，输入第 1 个方案名称"需求下降"，在"可变单元格"文本框中输入"$C$2:$C$4"，如图 8-23 所示，单击"确定"按钮，打开"方案变量值"对话框，如图 8-24 所示进行设置，单击"确定"按钮。

② 按步骤①进行操作，单击"添加"按钮，打开"编辑方案"对话框，输入第 2 个方案名称"需求持平"，"可变单元格"文本框中采用默认的"$C$2:$C$4"，单击"确定"按钮，打开"方案变量值"对话框，设置如图 8-25 所示。

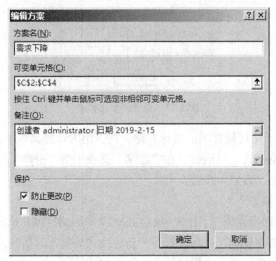

图 8-23 "编辑方案"对话框

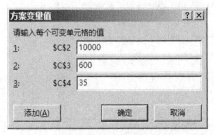

图 8-24 "方案变量值"对话框

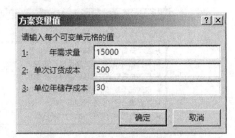

图 8-25 设置需求持平方案变量值

③ 按步骤①进行操作，单击"添加"按钮，弹出"添加方案"对话框，输入第 3 个方案名称"需求上升"，"可变单元格"文本框中采用默认的"$C$2:$C$4"，单击"确定"按钮，打开"方案变量值"对话框，设置如图 8-26 所示。

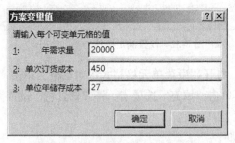

图 8-26 设置需求持上升方案变量值

④ 单击"确定"按钮，返回到"方案管理器"对话框，选择"方案"列表框中的"需求持平"方案，单击"显示"按钮，最后单击"关闭"按钮，关闭对话框。

要求（10）的操作步骤如下：

在"经济订货批量分析"工作表中，单击 C2 单元格，在"名称"框中输入"年需求量"，按 Enter 键确认输入。同理分别命名 C3 单元格为"单次订货成本"，C4 单元格为"单位年储存成本"，C5 单元格为"经济订货批量"。

要求（11）的操作步骤如下：

① 在"经济订货批量分析"工作表中，选择 C5 单元格，单击"数据"|"预测"|"模拟分析"按钮，选择"方案管理器"选项，打开"方案管理器"对话框，单击"摘要"按钮，打开"方案摘要"对话框，采用默认设置，如图 8-27 所示，单击"确定"按钮。

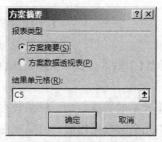

图 8-27　设置方案摘要

② 鼠标单击"方案摘要"工作表标签，按住鼠标左键向右拖曳至"经济订货批量分析"工作表右侧。

要求（12）的操作步骤如下：

① 在"方案摘要"工作表中选择 B2:G10 单元格区域，单击"页面布局"|"页面设置"|"打印区域"按钮，选择"设置打印区域"选项。

② 单击"页面布局"|"页面设置"|"纸张方向"按钮，选择"横向"选项。

③ 将"页面布局"选项卡"调整为合适大小"选项组中的"缩放比例"调整为"200%"。

习　题

一、单项选择题

1. 制作二级联动菜单，需要使用（　　　）函数。

（A）INDEX()　　　（B）INDIRECT()　　（C）VLOOKUP()　　（D）MATCH()

2. 在 Excel 2016 中，下面不属于"设置单元格格式"对话框"数字"选项卡中的选项的是（　　　）。

（A）字体　　　　　（B）货币　　　　　（C）日期　　　　　（D）自定义

3. 在同一个工作簿中区分不同工作表的单元格，要在地址前面增加（　　　）来标识。

（A）单元格地址　　（B）公式　　　　　（C）工作表名称　　（D）工作簿名称

4. 设置草稿和单色打印在"页面设置"对话框的（　　　）选项卡中完成。

（A）页面　　　　　（B）页边距　　　　（C）页眉/页脚　　（D）工作表

5. 在 Excel 2016 中显示分页符是在（　　　）选项卡中设置。

（A）文件　　　　　（B）视图　　　　　（C）页面布局　　　（D）审阅

6. 一个工作表各列数据均含标题，要对所有列数据进行排序，用户应选取的数据区域是（　　　）。

（A）含标题的所有数据区域　　　　　　（B）含标题的任一列数据

（C）不含标题的所有数据区域　　　　　（D）不含标题的任一列数据

7. 在 Excel 中，要使 B5 单元格中的数据为 A2 和 A3 单元格中的数据之和，而且 B5 单元格中的公式被复制到其他位置时不改变这一结果，可在 B5 单元格中输入公式（　　　）。

（A）=$A$2+$A$3　　（B）=A2+A3　　　（C）=A:2+A:3　　（D）=SUM(A2:A3)

8. 在 Excel 中有一个数据非常多的成绩表，从第二页到最后一页均不能看到每页最上面的行表头，应该（　　　）。

（A）设置打印区域　　　　　　　　（B）设置打印标题行
（C）设置打印标题列　　　　　　　（D）无法实现

9. 在 Sheet1 工作表的 C1 单元格中输入公式"=Sheet2!A1+B1"，则表示将 Sheet2 工作表中 A1 单元格的数据与（　　　）。

（A）Sheet1 工作表中 B1 单元格的数据相加，结果放在 Sheet1 工作表中 C1 单元格中
（B）Sheet1 工作表中 B1 单元格的数据相加，结果放在 Sheet2 工作表中 C1 单元格中
（C）Sheet2 工作表中 B1 单元格的数据相加，结果放在 Sheet1 工作表中 C1 单元格中
（D）Sheet2 工作表中 B1 单元格的数据相加，结果放在 Sheet2 工作表中 C1 单元格中

10. 在 Excel 中，当数据超过单元格的列宽时，在单元格中显示的一组符号是（　　　）。

（A）?　　　　　　（B）%　　　　　　（C）#　　　　　　（D）*

二、操作题

1. 从网上搜索或者根据实际需要，利用 Excel 2016 分别创建付款凭证、转账凭证、收款凭证。

2. 打开"计算机设备全年销量统计表.xlsx"，根据要求完成以下操作：

（1）将 Sheet1 工作表命名为"销售情况"，将 Sheet2 工作表命名为"平均单价"。

（2）在店铺列左插入一个空列，输入列标题为"序号"，并以 001、002、003…的方式向下填充至该列最后一个数据行。

（3）将工作表标题跨列合并后居中并适当调整其字体、加大字号，并改变字体颜色。适当加大数据表行高和列宽，设置对齐方式及销售额数据列的数值格式（保留 2 位小数），并为数据区域增加边框线。

（4）将"平均单价"工作表中的 B3:C7 单元格区域定义名称为"商品均价"，运用公式计算"销售情况"工作表中 F 列的销售额，要求在公式中通过 VLOOKUP()函数在"平均单价"工作表中查找相关商品的单价，并在公式中引用所定义的名称"商品均价"。

（5）为"销售情况"工作表中的销售数据创建一个数据透视表，放置在一个名为"数据透视分析"的新工作表中，要求针对各类商品比较各门店每个季度的销售额。其中，"商品名称"为报表筛选字段，"店铺"为行标签，"季度"为列标签，并对销售额求和。最后设置数据透视表的格式，使其更加美观。

（6）根据生成的数据透视表，在数据透视表下方创建一个簇状柱形图，图表中仅对各门店四个季度笔记本的销售额进行比较。

（7）保存"计算机设备全年销量统计表.xlsx"。

3. 打开"一二季度销售统计表.xlsx"，根据要求完成以下操作：

（1）参照"产品基本信息表"所列，运用公式或函数分别在"一季度销售情况表""二季度销售情况表"工作表中填入各型号产品对应的单价，并计算各月销售额填入 F 列中。其中，单价和销售额均为数值、保留 2 位小数、使用千位分隔符。（注意：不得改变这两个工作表中的顺序）

（2）在"产品销售汇总表"工作表中分别计算各型号产品一、二季度的销量、销售额及合计，

填入相应列中。所有销售额均设为数值型、小数位数为 0，使用千位分隔符，右对齐。

（3）在"产品销售汇总表"中，在不改变原有数据顺序的情况下，按一、二季度销售总额从高到低进行销售排名，填入 I 列相应的单元格中。将排名前 3 位和后 3 位的产品名称分别用标准/红色和标准/绿色标出。

（4）为"产品销售汇总表"工作表的 A1:I21 单元格区域套用一个表格格式，包含表标题，并取消列标题行的筛选标记。

（5）根据"产品销售汇总表"中的数据，在一个名为"透视分析"的新工作表中创建数据透视表，统计每个产品类别一、二季度的销售额及总销售额，数据透视表自 A3 单元格开始，按一、二季度销售总额从高到低进行排序。结果如图 8-28 所示。

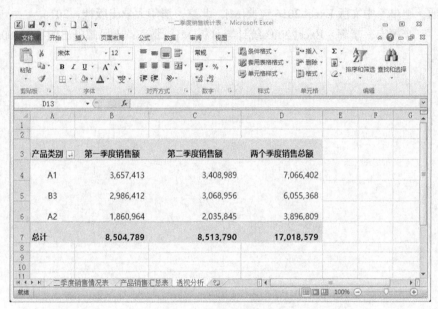

图 8-28 数据透视表样例

（6）将"透视分析"工作表标签颜色设为标准/紫色，并移动到"产品销售汇总表"工作表的右侧。

[1]　周苏，王文. 大数据及其可视化[M]. 北京：中国铁道出版社，2016.

[2]　Excel Home. Excel 2010 实战技巧精粹[M]. 北京：人民邮电出版社，2012.

[3]　Excel Home. Excel 2007 数据处理与分析实战技巧精粹[M]. 北京：人民邮电出版社，2013.

[4]　赵利通，卫琳. 中文版 Excel 2016 宝典[M]. 北京：清华大学出版社，2016.

[5]　郝艳芬，李振宏，李辉. Excel 2003 统计与分析[M]. 北京：人民邮电出版社，2006.